天津市级普通高校精品教材建设项目
天津市自然科学学术著作出版资助项目

人工智能应用导论

Introduction to the Application of Artificial Intelligence

焦　魁　刘　智　汪　洋　杜　青　宫智超
高清臣　武承如　吴康成　王博文　王　昕　编著

中国教育出版传媒集团
高等教育出版社·北京

内容简介

人工智能技术是目前各能源应用领域必不可少的新型辅助技术。本书从能源行业出发，详细阐述人工智能在交通、电力、建筑和工业等各能源系统中的应用现状，探讨人工智能与不同的能源载体与能源终端（交通运输、电力系统、智能建筑和工业制造等）深度融合的发展趋势。

本书共7章，第1章和第2章分别对人工智能的基础知识和能源产业的技术变革进行了系统的介绍，第3章介绍了人工智能在智能交通系统及智能驾驶等方面的发展现状，第4章针对电力系统与人工智能技术给出了世界各个国家发展智能电网的实例，第5章通过不同应用场所对智慧城市的概念、发展以及建设进行全面的阐述，第6章阐述了工业智能、智能制造和智能工厂的概念及应用，第7章对本书进行了系统全面的总结并展望人工智能未来发展趋势。

本书适合作为普通高等学校高年级本科生和研究生通识课程教材，适用于能源动力、计算机技术应用、电力电子等领域的教师和学生使用，也可为从事人工智能技术及在能源等相关领域的产业人员提供参考。

图书在版编目（CIP）数据

人工智能应用导论 / 焦魁等编著. --北京：高等教育出版社, 2024.7（2025.8 重印）

ISBN 978-7-04-062146-4

Ⅰ.①人… Ⅱ.①焦… Ⅲ.①人工智能－应用－高等学校－教材 Ⅳ.①TP18

中国国家版本馆CIP数据核字（2024）第095693号

Rengong Zhineng Yingyong Daolun

| 策划编辑 | 王 康 | 责任编辑 | 黄涵玥 | 封面设计 | 张 志 | 版式设计 | 杜微言 |
| 责任绘图 | 邓 超 | 责任校对 | 刁丽丽 | 责任印制 | 张益豪 | | |

出版发行	高等教育出版社	网 址	http://www.hep.edu.cn
社 址	北京市西城区德外大街4号		http://www.hep.com.cn
邮政编码	100120	网上订购	http://www.hepmall.com.cn
印 刷	北京中科印刷有限公司		http://www.hepmall.com
开 本	787mm×1092mm 1/16		http://www.hepmall.cn
印 张	9.75		
字 数	230千字	版 次	2024年7月第1版
购书热线	010-58581118	印 次	2025年8月第2次印刷
咨询电话	400-810-0598	定 价	35.00元

本书如有缺页、倒页、脱页等质量问题，请到所购图书销售部门联系调换
版权所有　侵权必究
物 料 号　62146-00

新形态教材网使用说明

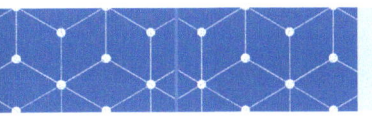

人工智能
应用导论

焦魁　刘智　汪洋　等　编著

1. 计算机访问 https://abooks.hep.com.cn/62146 或手机微信扫描下方二维码进入新形态教材网。
2. 注册并登录后，计算机端进入"个人中心"，点击"绑定防伪码"，输入图书封底防伪码（20位密码，刮开涂层可见），完成课程绑定；或手机端点击"扫码"按钮，使用"扫码绑图书"功能，完成课程绑定。
3. 在"个人中心"→"我的学习"或"我的图书"中选择本书，开始学习。

绑定成功后，课程使用有效期为一年。受硬件限制，部分内容可能无法在手机端显示，请按照提示通过计算机访问学习。

如有使用问题，请直接在页面点击答疑图标进行咨询。

https://abooks.hep.com.cn/62146

序（一）

　　人工智能（artificial intelligence，AI）是通过学习人类的思考方式，运用机器学习、强化学习、迁移学习等算法，以实现设备自动化操作、市场预测分析、图像语音识别、自然语言处理等功能。自 1956 年达特茅斯会议提出人工智能的概念以来，人工智能历经了近 70 年曲折的、螺旋式的发展，已涌现出一批令人瞩目的成果，尤以 IBM 公司开发的 Deep Blue、DeepMind 公司研发的 AlphaGo、OpenAI 公司发布的 ChatGPT 等为公众所熟知。从发展历程看，每一次人工智能技术的突破，都引起了学术界和工业界的广泛关注，并为能源、制造、教育、金融、传媒等行业带来新的发展机遇，提高了制造业的生产效率和产品质量，推进了产业结构优化升级。近年来，随着计算机技术的高速发展和互联网技术的广泛应用，以及算力性能提升、算法效力增强和数据快速积累，人工智能技术迎来爆发式发展的新高潮，深刻地影响着人类的生产和生活方式，并正在重构全球创新版图，重塑全球经济结构。

　　受全球气候变暖影响，热浪、洪灾、干旱等极端天气频发，严重威胁人类生命财产安全和经济社会发展。因此，在 2015 年第 21 届联合国气候变化大会上，近 200 个缔约方一致同意通过《巴黎协定》，从而确立了应对全球气候变化的长期目标，各缔约方承诺为此采取共同行动降低碳排放。基于推动生态文明建设的内在要求和构建人类命运共同体的大国担当，中国将提高国家自主贡献力度，明确承诺力争于 2030 年前二氧化碳排放达到峰值，努力争取 2060 年前实现碳中和。近年来，我国加快推进能源结构和产业结构的调整，大力发展风电光伏等新能源。在能源结构和产业转型的过程中，人工智能技术可以在很多方面发挥至关重要的助推作用，比如，人工智能技术可以用于预测天气变化，并据此优化风光电厂的运营；可以通过大数据分析，智能监控多能源电力系统的安全稳定，实现高效运行；可以用于智能交通管理系统，提升交通运输效率和安全性；可以用于智能建筑能源管理系统，实现电热冷多能源优化供给，降低建筑能耗；可以用于工厂的智能化改造，大幅提高生产效率和产品质量，并显著降低能耗。可以毫不夸张地说，人工智能技术的快速发展与广泛应用，加速了世界能源结构变革的进程，并有力推动了能源及相关产业的高质量发展。

　　很高兴看到由天津大学焦魁教授组织编写的《人工智能应用导论》一书即将面世。焦魁教授在人工智能与能源系统、能源材料、能源化学等交叉领域都有较深入的研究，特别是在利用人工智能算法解决实际能源工程问题方面已经取得了丰硕的研究成果。

　　这本《人工智能应用导论》共分为 7 章，作者概述了人工智能基础知识，重点阐述了人工智能与能源及相关产业相结合后产生的令人振奋的研究成果。书中详细介绍了人工智能在交通、电力、建筑和工业等多个行业场景应用的现状和最新进展，内容丰富，兼顾了专业性、可读性和科普性。我相信，本书的出版会大大激发青年学生、青年科研人员和工程技术人员对人工智能的研究兴趣，并对相关专业的人才培养做出重要贡献。

天津大学校长
金东寒
2023 年 12 月 1 日

序（二）

进入21世纪，以可再生能源为主导的新一轮能源变革蓬勃兴起，各国能源领域的竞争异常激烈，中国能源结构也正经历深刻变革。传统化石能源从粗放式开采、运输、加工和使用的过程转变为更注重能源利用效率与生态环境保护的利用方式，以光伏、风电、氢能、动力电池、智能电网等为代表的新兴能源与系统发展势头亦非常迅猛。随着能源革命的深入推进，各国政府针对碳减排纷纷制定绿色环保、节能降碳相关的能源可持续发展路线。中国于2020年9月在联合国大会公布了"3060"双碳战略目标，用实际行动表明了中国应对全球气候问题的决心与担当。

能源技术变革将会产生更加庞大复杂的能源系统，面临更多差异性、不确定性、波动性等各种挑战，并且深入渗透到交通、电力、建筑和工业等各个行业的生产中。例如，新能源系统波动性和间歇性、交通系统低效和拥堵、电力系统安全性和稳定性不足、建筑行业高能耗和低舒适性、制造业高成本和高能耗等问题日益突出，造成行业技术升级困难。传统技术方法难以处理技术变革带来的一些新问题，需要寻求新的方法提供解决方案。

人工智能发展至今，已涌现大数据、物联网、云计算、智能通信、机器学习、数字孪生等一批先进智能技术，具有准确理解、快速分析、智能决策的能力，可有效解决能源领域面临的各种问题。随着人工智能算力、算法、数据等核心要素的快速发展，人工智能技术赋能能源及相关行业，爆发出巨大的潜力。人工智能可在能源开采（传统能源与新能源）、能源利用（分布式与集中式多能源协同）、能源终端（交通、电力、建筑、制造等领域）等方面深入渗透，有效提高各应用领域智能化水平和能源利用效率，为全球节能降碳、应对气候问题提供智慧化解决方案。

在这个时代背景下，焦魁教授组织撰写了《人工智能应用导论》一书。焦魁教授是天津大学国家储能技术产教融合创新平台常务副主任，长期从事能源高效转化与利用相关技术研究，且对人工智能技术应用情况有深入的了解，在能源与人工智能应用方面做出了突出成绩。这本书总共包含7个章节，详细介绍了人工智能发展史和典型算法，阐述了能源变革历程及面临的挑战，进而总结了人工智能技术在交通、电力、建筑、工业等能源应用领域的技术挑战和发展现状。全书逻辑清晰，知识面广，紧扣前沿热点技术，且通俗易懂、科普性强。我相信，这本教材的出版有助于非专业人士快速了解人工智能相关技术及其在能源等相关领域的应用现状，同时在青年学生和产业人员的培养中发挥重要作用。

天津大学国家储能技术产教融合创新平台主任
中国工程院院士
王成山
2023 年 9 月 4 日

前　言

　　人工智能诞生于人机环境系统之中，是人、机、环境系统混合智能的整合。随着大数据、云计算、机器学习、物联网和其他技术以及各种智能设备的影响力越来越大，世界正在成为物理、社会和网络的"三元空间"，各个空间之间的交互过程也日趋复杂。人工智能长期以来一直被认为是计算机科学的一个子学科，然而随着它在不同行业和研究领域（如能源、社会、经济、哲学等）中的应用越来越多，现如今人工智能已发展成为研究、开发用于模拟、延伸和扩展人的智能的理论、方法、技术及应用系统的一门新的独立技术科学。在相关发散应用领域中，人工智能被能源系统寄予厚望以提升能源利用率和智能化水平。

　　环境友好和可持续的能源利用对当今世界至关重要，人们日益关注化石燃料枯竭和气候变化，同时人工智能具有重新设计我们未来能源系统的巨大潜力。未来的碳中和能源系统中，人工智能相关技术会将不同的能源载体（来自风能、太阳能、核能和其他可再生能源的电力、氢气和碳氢化合物燃料等）与能源终端（交通运输、电力系统、智能建筑和工业制造等）深度融合，整合基础设施规划，提升能源多样性，实现能源预测和智能控制。可以说，就能源行业自身而言，人工智能为其发展提供了特殊机会。能源部门有许多决策需要即时收集和分析大量数据，同时尽可能快速有效地进行处理。人工智能为机器提供了学习以及解决问题或优化结果的决策能力，如智能电网在承载电力的同时可以处理和分析数据，做出智能调节，使发电系统更高效。在间歇性的可再生能源方面（如太阳能和风能等），人工智能可以有效调节消费和发电，从而帮助我们应对气候变化，做到能源平衡和减少碳排放等。

　　因此，本书主要从能源行业出发，详细阐述了人工智能在交通、电力、建筑和工业领域中的应用及渗透情况，人工智能技术也成为各应用领域必不可少的组成部分。本书所关注的人工智能，应用到交通领域，可以通过深度学习、云计算、计算机视觉等技术赋能交通智能管理及无人驾驶；应用到电力领域，可以通过机器学习提高设计技术的效率并创建节能对象；应用到建筑领域，可以通过建设"智慧建筑"来实现建筑节能与能源可持续；应用到工业领域，工业智能相关技术可以实现生产节能与产品的柔性制造等。能源与人工智能将先进的人工智能和信息科学技术同能源产业结合起来，实现对已有能源和新型能源的高效利用。且人工智能应用不局限于能源行业，更将其他行业能源生产、能源消费、能源管理、能源服务等产业全部整合在一起，能够提升能源利用效率，大大改善环境资源利用。

本书由天津大学焦魁任主编，参与编写的人员包括：刘智、汪洋、杜青、宫智超、高清臣、武承如、吴康成、王博文、王昕。本书旨在使读者明晰人工智能在能源以及能源相关领域应用过程中的技术概念并了解其未来发展前景。本书从人工智能基础与能源系统概论出发，详细介绍人工智能技术在交通、电力、建筑与工业领域的应用。

本书一共分为7章，各章主要内容如下：第1章，对人工智能概念以及机器学习、深度学习、强化学习和迁移学习等基本人工智能算法做了详细介绍，以使读者对人工智能技术有一定的底层认知；第2章，阐述了能源体系随工业革命的变革而不断发展的过程，介绍了能源互联网和智慧能源的相关概念、主要技术应用以及它们之间的相互关系；第3章，着重介绍了人工智能在交通领域的应用，特别是智能车路协同系统下的无人驾驶技术，应用人工智能技术的现代物流、航空、航海和轨道交通运输，并展现了智能交通的全景图；第4章，描述了应用人工智能技术的电力系统，分析比较了传统电力系统和智能电力系统的差异，介绍了当前各个国家发展智能电网的发展现状；第5章，阐述了智慧建筑的定义、发展和设计理论方法与相关应用场景，此外还展望了未来智慧城市的发展；第6章，解释了工业智能定义及相关技术，介绍了智能制造和智能工厂的概念及应用，并描述了人工智能对工业生产中能源可持续性的助力作用；第7章，对人工智能技术在能源、交通、电力、建筑和工业等领域应用前景做了总结和展望。

本书可供希望了解人工智能与能源、交通、电力、建筑、工业相关概念和应用前景的读者使用。作者也希望能借此促进人工智能技术与能源相关行业的深度融合，使能源产业进一步向智能化、网络化方向发展。限于作者水平，本书的内容不可避免地会有一些不当之处，敬请读者斧正。主编邮箱：kjiao@tju.edu.cn。

编者

2023年12月

目 录

第 1 章　人工智能导引······001

1.1　人工智能基础······001
　1.1.1　什么是人工智能······001
　1.1.2　人工智能发展史······002
　1.1.3　人工智能解决的问题······008

1.2　机器学习······011
　1.2.1　基础概念······011
　1.2.2　常见应用场景······012
　1.2.3　分类与常见算法······012

1.3　深度学习······015
　1.3.1　人工神经网络基础······015
　1.3.2　传统机器学习算法的挑战······017
　1.3.3　深度学习······018

1.4　强化学习······020
　1.4.1　基础概念······020
　1.4.2　强化学习与监督学习和无监督学习的区别······020
　1.4.3　常见应用场景······021

1.5　迁移学习······022
　1.5.1　基础概念······022
　1.5.2　预训练模型······023
　1.5.3　常见应用场景······024

1.6　本章小结······024
习题······025

第 2 章　能源系统与人工智能······026

2.1　工业发展历程······027
　2.1.1　工业 1.0——蒸汽机械时代······027
　2.1.2　工业 2.0——电气燃油时代······029
　2.1.3　工业 3.0——电子信息时代······031
　2.1.4　工业 4.0——智能绿色时代······033

2.2　能源发展变革······034
　2.2.1　工业革命带来的能源变革······034
　2.2.2　世界能源份额演变······035
　2.2.3　能源 4.0······037

2.3　能源互联网与智慧能源······039
　2.3.1　能源互联网······039
　2.3.2　智慧能源······040
　2.3.3　人工智能在智慧能源系统应用······044

2.4　本章小结······045
习题······045

第 3 章　交通运输与人工智能······047

3.1　绪论······047
3.2　无人驾驶技术······051
　3.2.1　无人驾驶技术的发展概况······051
　3.2.2　无人驾驶汽车标准······056

目录

  3.2.3 无人驾驶系统及其组成 ……058
  3.2.4 无人驾驶汽车展望 …………061
 3.3 人工智能与物流 …………………061
  3.3.1 中国物流的发展 ……………061
  3.3.2 人工智能在物流中的应用 …062
 3.4 人工智能与航空 …………………064
  3.4.1 智慧民航 ……………………064
  3.4.2 军用 …………………………066
  3.4.3 无人机 ………………………067
 3.5 人工智能与航海 …………………068
  3.5.1 无人驾驶船舶 ………………068
  3.5.2 智慧港口 ……………………070
 3.6 人工智能与轨道交通 ……………071
  3.6.1 智能铁路系统 ………………071
  3.6.2 智慧地铁 ……………………072
 3.7 本章小结 …………………………073
 习题 ………………………………………073

第4章 电力系统与人工智能 ………075

 4.1 电力系统发展和机遇 ……………075
  4.1.1 新能源发展 …………………076
  4.1.2 传统电力系统的主要挑战 …077
 4.2 智能电力系统 ……………………078
  4.2.1 概念 …………………………079
  4.2.2 世界各国发展情况 …………081
  4.2.3 智能电力系统发展现状 ……083
  4.2.4 相关新技术发展 ……………084
 4.3 人工智能应用 ……………………087
  4.3.1 巡检输电线路无人巡检 ……088
  4.3.2 电网负荷与天气预测 ………089
  4.3.3 电网调控人机交互 …………090
  4.3.4 尼斯电网项目 ………………091
 4.4 本章小结 …………………………092
 习题 ………………………………………092

第5章 智慧建筑与人工智能 ………094

 5.1 智慧建筑的发展历程 ……………094
  5.1.1 自动化：从"传统建筑"向
     "智慧建筑"转变 …………094
  5.1.2 环境友好：从建筑节能发展
     为"建筑生态化" …………096
  5.1.3 智慧建筑概念的形成 ………097
  5.1.4 为什么要发展智慧建筑 ……098
 5.2 智慧建筑的发展现状及
   趋势 ………………………………099
  5.2.1 经济效益与国家战略 ………099
  5.2.2 智慧建筑的实现技术 ………100
  5.2.3 人工智能技术在智慧建筑
     中的应用 …………………101
  5.2.4 智慧建筑应用场景举例 ……103
 5.3 从智慧建筑到智慧城市 …………105
  5.3.1 城市化带来的挑战 …………105
  5.3.2 智慧城市的概念与内涵 ……107
  5.3.3 技术实现基础：建筑能源
     互联网 ……………………108
  5.3.4 顶层设计：如何建构智慧
     城市 ………………………109
  5.3.5 现实案例：新加坡——智慧
     城市雏形 …………………111
 5.4 本章小结 …………………………113
 习题 ………………………………………113

第6章 工业制造与人工智能 ………114

 6.1 工业智能 …………………………114
  6.1.1 工业智能的来源 ……………114
  6.1.2 人工智能在工业界落地的
     挑战 ………………………115
  6.1.3 工业智能的具体问题及
     关键技术 …………………118

6.2 智能制造与智能工厂 …………… 123
 6.2.1 智能制造的发展历程及其内涵 ……………………… 123
 6.2.2 智能制造关键技术 ………… 124
 6.2.3 智能工厂 …………………… 129
6.3 工业中的能源可持续性 ………… 131
 6.3.1 工业 4.0 下的能源可持续性 ………………………… 131
 6.3.2 AI 在可再生能源工业的应用 ………………………… 134
 6.3.3 AI 提升工业制造业能源效率 ………………………… 137
6.4 本章小结 …………………………… 138
 习题 ………………………………… 138

第 7 章 总结与展望 …………………… 139

主要参考文献 ……………………………… 141

第1章 人工智能导引

1.1 人工智能基础

1.1.1 什么是人工智能

人工智能(artificial intelligence,AI)是一门涉及计算机科学、数学、哲学、心理学、神经生理学、控制学等多个学科领域的交叉科学,是一门研究探索如何模拟拓展人的智能的概念、方式、技能和应用体系的新兴社会自然科学,目前已经在众多领域有所应用,如图1.1所示。美国斯坦福大学教授、人工智能领域的奠基人尼尔斯·尼尔森(Nils Nilsson)将人工智能定义为[1]:一门融会各类知识的学科,集知识表达、知识获取、知识运用于一体的计算机科学。美国麻省理工学院、人工智能实验室前负责人帕德里克·温斯顿(Patrick Winston)教授则认为[2]:人工智能就是让计算机完成以前只能由人类完成的智力工作。虽然不同学者关于人工智能具体含义的见解不尽相同,但都体现了人工智能的基本理念和主要内容。人工智能是在试图认识智能实质的过程中,对人的大脑思考过程进行模仿,从而制造出一种新的能与人类智能相似的方式进行反应,甚至超越人类智力的智能工具。

人工智能根据智能水平的高低可以分为弱人工智能、通用人工智能、强人工智能三个等级。弱人工智能是只可以在特定场景中处理特定基础性任务的人工智能技术,例如Siri、AlphaGo等专门应用在聊天、博弈等特殊场景的人工智能程序,它们对设定好的单一任务有比较好的决策能力,但不能胜任其设计范围之外的任何功能,不具备真正的逻辑推理能力和解决其他更广泛问题的能力。这些人工智能程序,哪怕在决策的速度和准确率上远超常人,也不是真正的"智能",而更像人类的专项工具,成为人类能力的延伸。通用人工智能则是具有人类智力水平的人工智能技术,研制像人一样思考、像人一样从事多种用途的机器,解决人类智力水平的任务,具有真正逻辑推理和解决问题的能力,被认为有知觉和自我意识。强人工智能在智能水平上更进一步,是在科技创造、通识教育与社会技术等各个层面上都比人类更聪明的人工智能技术。现阶段人工智能的研究与应用还处于弱人工智能阶段,与通用人工智能相差较远,而强人工智能更是停留在概念设想和构思阶段[3]。

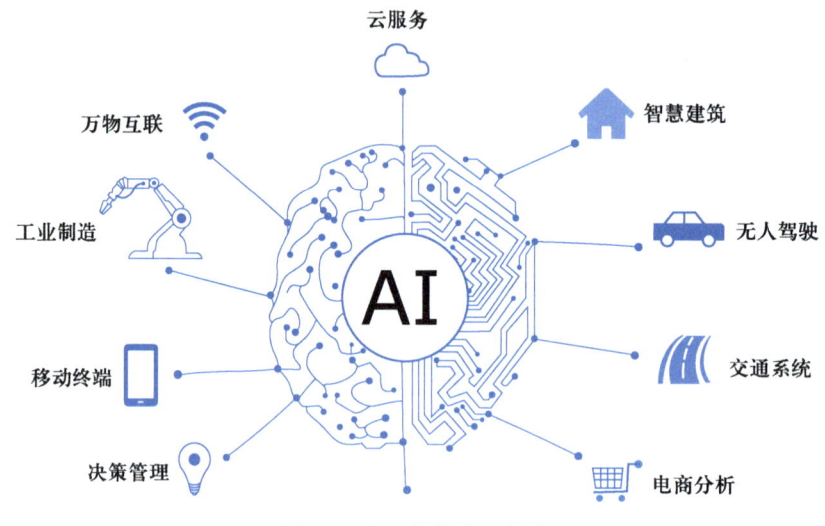

图1.1 人工智能涉及领域

1.1.2 人工智能发展史

在"人工智能"这个术语出现之前,人类已经尝试使用各种机器和工具来代替人的部分脑力劳动,以提高生产效率和解决各种问题,这也是人类早期对于"智能化"的探索。

早期的探索主要针对思维方式与推理法则。早在公元前384年到公元前322年,哲学家亚里士多德(Aristotle)就在他的著作《工具论》中指出了形式逻辑学的主要规律,发展了一套基于演绎推理的逻辑系统,他所提出的三段论①至今仍然是演绎推理的理论基础。在10世纪左右,穆斯林学者对逻辑和推理的发展作出了重大贡献。波斯哲学家阿尔·法拉比(Al Farabi)基于亚里士多德原理发展了一套逻辑体系,而波斯博学家阿维森纳(Avicenna)则基于阿拉伯语发展了一个逻辑体系。到了近代,关于思维方式的探索更是百花齐放。弗里德里希·恩格斯(Friedrich Engels)提出:近代哲学的重大基本问题是思维和存在的关系问题。除了回答物质与精神谁是世界的本原,还需要回答精神如何通达物质,哲学在近代经历了一个"认识论"转向的过程。如何才能正确认识世界的认识论问题是当时哲学的最主要问题,各种理论展现了人们对思维方式的探索。17世纪,英国思想家弗朗西斯·培根(Francis Bacon)系统地区分了归纳法和演绎法,还主张通过实验和观察来获取知识,并将知识进行分类,为人类认识世界提供了重要的指导和帮助,甚至影响到20世纪70时代针对人工智能的研究,转为以知识为中心。德国数学家和思想家戈特弗里德·莱布尼茨(Gottfried Leibniz)认为可以建立一种通用的符号语言进行推理演算,首先明确提出了通用符号语言与推理运算的设计思路。英国逻辑学家乔治·布尔(George Boole)致力于将思维法则形式化和机械化,他在著作《思维法则》中首次将逻辑关系使用代数式进行计算,用符号论述人

---

① 三段论由大前提、小前提、结论三部分组成,是演绎推理中最简单的推理判断。大前提是一个一般性的原则,小前提是附属于大前提的特殊化陈述,结论是小前提引申出的特殊化陈述符合一般性原则。

类逻辑思维推导过程,建立了逻辑和代数的桥梁,这种代数式被称作布尔代数①。德国数学家戈特洛布·弗雷格(Gottlob Frege)发明了一套用来表示术语和范畴的符号体系,并把它们组织成了复杂的表达式。符号逻辑的发展为现代计算机科学和人工智能发展铺平了道路。1936年,英国数学家艾伦·图灵(Alan Turing)[4]提出了一种理想计算机的数学模型,这就是奠定电子数学计算机模型理论基础的图灵机,另外他还提出了图灵测试,如图1.2所示,询问者可以随意提出问题并根据被提问者的回答来判断被提问者是真人还是机器,这种测试给出了一个评判机器是否具备智能的标准。美国心理学家沃伦·麦卡洛克(Warren McCulloch)和沃尔特·皮兹(Walter Pitts)[5]于1943年开发了首个神经网络模型,即M-P模型(McCulloch–Pitts model),从而开启了微观人工智能的研究,为以后的人工神经网络(artificial neural network,ANN)研究打下了坚实的基石。1937年至1941年期间,美国爱荷华州立大学教授约翰·阿塔纳索夫(John Atanasoff)和其研究生克利夫·贝瑞(Clifford Berry)制造了世界上第一台电子计算机——阿塔纳索夫-贝瑞计算机(Atanasoff–Berry computer,ABC),为人工智能的研究奠定了物质基础。

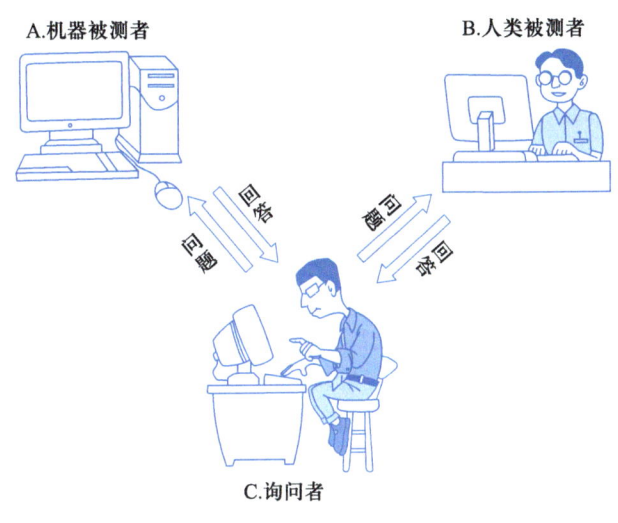

图1.2　图灵测试

"人工智能"于1956年被正式提出,至今已有近70年的历史,其发展历程可以分为四个不同的时期。

1. "人工智能"诞生与初步发展

1956年夏季,当时任职达特茅斯学院数学助教、被称为现代人工智能技术之父的斯坦福大学教授约翰·麦卡锡(John McCarthy)联合了其他几位在计算机领域颇有建树的专家:哈佛大学数学和神经学家、麻省理工学院教授马文·明斯基(Marvin Minsky)、IBM公司信息系统研究所负责人罗切斯特(Nathaniel Rochester)、贝尔研究所信息资讯部门数学专家克劳德·香农(Claude Shannon),并且邀请普林斯顿大学的托马斯·莫尔(Thomas Moore)、IBM公司的阿瑟·塞缪尔(Arthur Samuel)、麻省理工学院的奥利弗·塞弗里奇(Oliver Selfridge)和

---

① 布尔代数是一种用于集合运算和逻辑运算的公式,可以获取不同集合的交集、并集或补集。

雷·索罗莫夫(Ray Solomonoff)以及兰德(RAND)公司和卡内基梅隆大学的艾伦·纽厄尔(Allen Newell)、赫伯特·西蒙(Herbert Simon)等人在达特茅斯学院举行了一场为期两个月的学术会议,探讨了有关机器智能的问题,正式提出了"人工智能"这一术语,标示着人工智能作为一个崭新专业领域真正地出现了。此后,参会者领头的人工智能研究组织如雨后春笋般在美国出现。

自此次会议之后的十多年间,人工智能的研究在定理证明、模式识别、机器学习、问题求解、专家系统及人工智能语言等多个领域都取得了许多引人注目的成就。在定理证明方面,美国华裔数理逻辑学家王浩于1958年提出了一种叫作"谓词逻辑语义网络"的知识表示方法,该方法可以将语言中的谓词、量词等逻辑符号与实体、事件等概念相对应,构成一个基于逻辑的语义网络;1965年约翰·鲁宾孙(John Robinson)提出了归结理论,为基本定理的机器验证做出了开创性的工作。在模式识别领域,拉里·罗伯茨(Larry Roberts)于1965年编写出一个可以识别积木内部构造的程序;理查德·杜达(Richard Duda)于1967年设计了一种名为k近邻算法的分类算法,该算法在模式识别领域得到了广泛应用。在机器学习领域,弗兰克·罗森布拉特(Frank Rosenblatt)于1957年成功开发出感知机[6],这是一种以神经元为基础的识别系统,它的学习能力得到了广泛的重视,它的出现促进了对于网络互联机理的研究。在问题求解领域,纽厄尔等人[7]于1960年利用心理实验得出人类解决问题的思维方式,并依照人类的思维规律编写了一套可以用来求解11种不同类型问题的通用解题程序。在专家系统领域,1965年由美国斯坦福大学教授爱德华·费根鲍姆(Edward Feigenbaum)牵头开始开发DENDRAL专家系统[8],该系统于1968年投入使用,它可以根据质谱仪的试验结果,利用分析推理判断物质的分子结构,其解析力已接近甚至达到了物理化学专家的水准,在美国、英国等先进国家获得了实际的运用。在人工智能语言方面,奥利弗·塞尔弗里奇(Oliver Selfridge)在20世纪50年代末提出了符号主义理论,他认为人工智能可以通过符号和符号之间的规则来实现,这与人类语言处理和思维过程类似;1960年麦卡锡[9]研制出了人工智能语言(LISt Processing,LISP),该语言成为建造专家系统的重要工具。

1969年,国际人工智能联合会议(International Joint Conferences on Artificial Intelligence,IJCAI)成立,1970年, 国际性期刊《人工智能》(Artificial Intelligence)创刊,都标示着人工智能这门新兴学科已经得到了世界的认可。

2. 莱特希尔报告与人工智能的寒冬

英国计算机科学家詹姆斯·莱特希尔(James Lighthill)于1973年发表的报告《人工智能的失败》(The Failure of Artificial Intelligence)对当时正在进行的人工智能研究进行了全面批判。莱特希尔的批判可以大致分为技术和社会两个领域。技术方面,他认为当时的人工智能研究过于专注于符号推理,而对人类智能最重要的感官感知关注不够,他还批评了在开发有效的学习算法方面缺乏进展,以及过度依赖不太适合特定任务的通用问题解决技术。社会方面,他认为人工智能可能会对就业产生重大影响,还对人工智能的潜在滥用提出了担忧。

此后,科学界对人工智能进行了一轮深入的拷问,人工智能遭到了前所未有的严厉批评和对其实际利用价值的质疑。

(1) 有限的计算能力:当时计算机的功能远不如现在,这使得训练和测试复杂的人工智能模型变得困难。这限制了开发算法的类型和解决问题的规模,早期的神经网络仅限于小规模问题,完全无法处理大规模的数据。

(2) 缺乏高质量数据:人工智能算法依赖大量高质量数据来学习和改进。但由于当时计算机和互联网都没有普及,此类数据的可用性有限,使得开发和测试有效的人工智能系统变得困难,特别是在计算机视觉和自然语言处理等领域。例如,在计算机视觉中,人工智能需要观看数亿张图像之后才可能达到类似三岁婴儿的智能水平,但却没有如此数量的高质量图像数据集可供研究人员用于训练算法。

(3) 高成本:当时计算硬件和存储的成本很高,这使得研究人员很难进行实验和开发新算法。这限制了可以进行的实验类型,并使人工智能系统难以规模化。而资金的限制以及政府拨款的减少,使得研究人员难以雄心勃勃地追求高难度项目并吸引顶尖人才,进一步限制了行业的发展速度。

(4) 不切实际的期望:在人工智能研究的早期,人们对人工智能的能力有很多不切实际的期望,比如早期的专家系统被宣传为能够在许多领域取代人类专家,但它们最终在处理复杂和新颖情况的能力方面受到限制。

(5) 莫拉维克悖论:早期人工智能系统的局限性表现在很难执行诸如识别人脸和物体或在复杂环境中导航这类人类容易完成的任务,而人类难以完成的复杂数学计算之类的任务却很容易完成。这种局限性在于早期人工智能系统基于符号推理,缺乏从数据中学习的能力。这些系统擅长执行逻辑和分析任务,但难以处理需要感知、直觉和常识推理的任务。

这些挑战的存在,让人工智能的研究向更功利主义、更实用主义的方向发展,人们已经不会再像维持了20年的黄金时代那样,对通用人工智能抱有太多的期待,各国政府和机构也停止或减少了资金投入,人工智能在20世纪70年代陷入了第一次寒冬(AI winter)。

3. 人工智能卷土重来

专家系统是人工智能能够卷土重来的重要原因。专家系统的起源可以追溯到前文提到的斯坦福大学认知实验室于1965年开发的DENDRAL系统,20世纪70年代他们还开发了另外一个用于血液病诊断的霉素系统(Mycin expert system),这可能是最早用于医疗救助的计算机软件。所谓"专家系统",旨在通过使用专家知识来模拟人类专家的决策过程,它结合了计算机科学、人工智能和专业领域的知识,并使用逻辑推理、模糊逻辑、贝叶斯网络等技术来模拟人类专家的决策和推理过程。专家系统通常包括三个主要组件:知识库、推理引擎和用户界面。知识库存储领域特定的知识和规则,推理引擎根据这些知识和规则进行推理和决策,用户界面则为用户提供与专家系统交互的方式。专家系统可以应用于医疗诊断、金融分析、智能控制、安全监控等各种领域,图1.3为专家系统的运行原理。1980年,卡耐基梅隆大学研发的XCON系统被美国数字设备公司(Digital Equipment Corporation)正式投入使用,该系统存储了当时计算机系统配置的性能数据,并包含了设定好的超过2 500条规则,可以依据用户需求,确定合适的计算机配置,给出配件型号清单,并且速度比人工处理快了360倍,同时准确度超过95%。XCON系统由于其高效率和准确性,被广泛应用,处理了超过80 000条订单,每年可以节省超过2 500万美元的成本。这种商业成功证明了自动化和人工智能在工业生产中的重要性和价值,专家系统开始在特定领域发挥威力,也带动整个人工智能技术进入了繁荣阶段[10],据统计,在1980年到1985年这五年间,全球约有10亿美元的投资流入人工智能领域,其中专家系统的开发和部署是主要的研究方向之一。三分之二的世界 500 强公司开始着手开发和应用各自领域的专家系统,极大地促进了人工智能技术的进步和发展,如今我们耳熟能详的一些人工智能应用开始初步浮现。

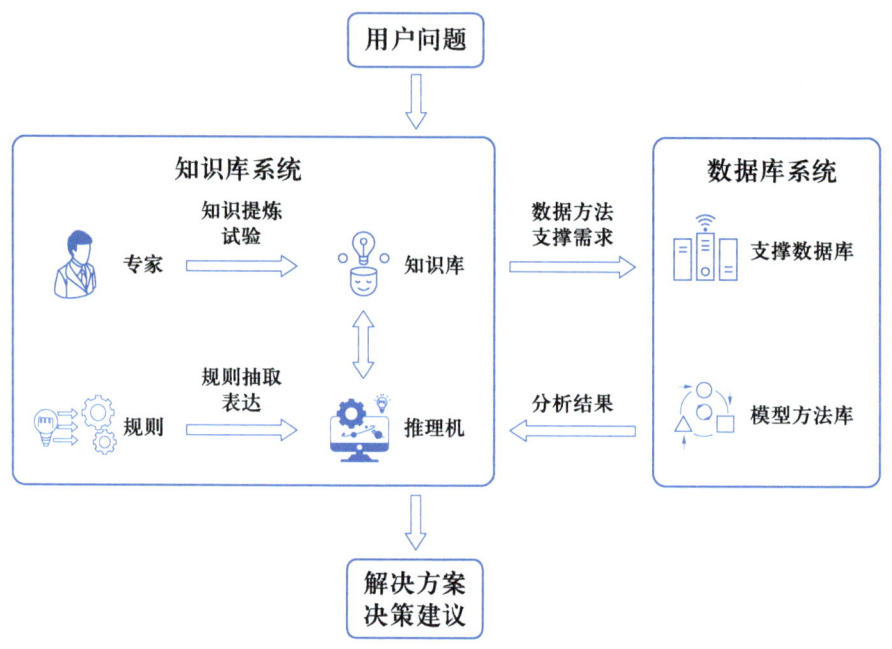

图 1.3　专家系统的运行原理

在这一时期,随着计算机算力的提升和更多智能算法的使用,人工智能得到了人们的重新关注,在各个领域也有了更多的应用。

图像识别:沉寂 10 年之后,神经网络又有了新的研究进展,尤其是 1982 年英国科学家约翰·霍普菲尔德(John Joseph Hopfield)[11]发现了具有学习能力的神经网络算法,这使得神经网络一路发展,在后面的 20 世纪 90 年代开始商业化,被用于文字图像识别和语音识别。

自然语言识别:20 世纪 90 年代初,引入了统计语言建模技术,允许计算机分析大量口语数据集,并识别数据中的模式和结构,这显著提高了语音识别系统的准确性。1997 年,两位德国科学家赛普·霍赫赖特(Sepp Hochreiter)和于尔根·施密特胡贝尔(Jürgen Schmidhuber)[12]提出了长期短期记忆(long short-term memory,LSTM),这是一种今天仍用于手写识别和语音识别的递归神经网络。IBM 沃森研究中心的 Candide 项目将概率统计方法引入人工智能的语言处理中,在双语文本的大型数据集上训练系统,以识别不同语言中单词之间的模式和关系,基于 200 多万条语句实现了英语和法语之间的自动翻译。1992 年,苹果公司的李开复设计开发了 Siri 的最早原型 Casper,它能够识别和响应自然语言命令,可以完成智能问答、日程管理、语音识别、个性化服务等功能。

智能机器人:1996 年,Sojourner 漫游车作为探路者任务的一部分被送往火星,进行探测任务。1999 年,索尼推出了同伴机器人 AIBO 机器狗,其有一系列传感器和舵机,可以以逼真的方式与人类互动。另外家居机器人出现，1996年美国伊莱克斯公司推出了第一款吸尘器机器人，但由于产品缺陷很多，很快以失败告终。2002年，Roomba扫地机器人的推出得到了市场的广泛认可。

智能驾驶：1986年，德国工程师恩斯特·迪克曼斯（Ernst Dickmanns）和他的团队开发了名为"VaMP"的汽车，该汽车可以通过电脑视觉系统进行自主导航并在德国高速公路上行驶20 km，被认为是真正意义上的第一辆自动驾驶汽车。图1.4展示了智能驾驶汽车通过传感器识别周围车辆、行人、树木等特征。本书的第3章将对智能驾驶展开更详细的介绍。

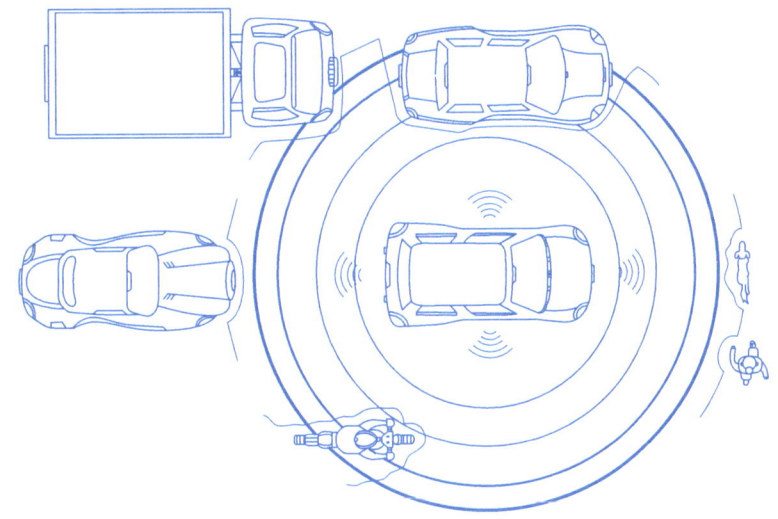

图1.4　智能驾驶汽车进行特征识别

4. 深度学习与人工智能热潮

神经网络是一种基于现代神经科学研究的算法系统，试图模拟大脑神经网络的处理方式，对大量数据进行非线性、自适应性处理，从而实现对数据的处理和分析。这并非一个全新的概念，曾在20世纪70年代反向传播算法产生后受到关注，但20世纪90年代后就被支持向量机、提升算法和集成算法替代，进入低潮时期。究其原因，主要是神经网络很难解决梯度消失之类的训练问题。

2006年，杰弗里·辛顿（Geoffrey Hinton）研究团队[13]于《科学》（Science）发表了 Reducing the Dimensionality of Data with Neural Networks，把神经网络又推回到大众视线中，这篇论文所提出的方法使得深层的神经网络训练变得可能，但在那时候深度学习依然受到很多争议。

2007年，斯坦福大学计算机科学系的李飞飞教授和他的研究团队创建了ImageNet项目，旨在提供一个公开的图像数据集，用于机器学习和计算机视觉领域的研究。目前ImageNet数据集由超过2万个不同类别的物体组成，每个物体类别都有多张图片，共包含超过1 500万张高清彩色图片。这些图片都经过了人工标注，包含了准确的物体边界框和相应的类别标签。该项目自2010年开始每年举行大规模视觉识别挑战赛，对人工智能图像识别算法进行评比,该比赛也成为计算机视觉领域中最有影响力的比赛之一。2012 年的 ImageNet 挑战赛上,辛顿团队[14]首次使用深度学习技术荣获桂冠,在识别正确率上取得了巨大的突破。人们意识到了深度学习相比于传统机器学习的优越性,深度学习重新回到主流技术舞台。科学家开始更多关注模型与算法的创新突破,以弥补训练中数据的不足,这带来了算法上的快速迭代,被业内认为是深度学习革命的开始。

2016 年,谷歌旗下 DeepMind 公司开发的 AlphaGo 围棋程序与围棋世界冠军李世石九段进行人机大战并以 4∶1 的总比分获胜,成为第一个战胜围棋世界冠军的人工智能。之后的 2017 年,AlphaGo 的 Master 版本更是 3∶0 战胜世界排名第一的柯洁,围棋界正式进入人工智能时代。

2022 年底,OpenAI 公司发布 ChatGPT 聊天程序,其可以通过学习和理解人类的语言与人类聊天,并能通过聊天的上下文进行互动,甚至可以完成撰写讲稿、优化程序、润色论文等任务。2023 年初,有调查显示 89% 的美国大学生使用 ChatGPT 做作业,以色列总统更是公开表示使用 ChatGPT 撰写他的演讲稿。ChatGPT 凭借其简单的使用方式和出色的互动能力,再次将人工智能带入公众视野。

图 1.5 汇总了人工智能发展史上具有代表性的事件。

1.1.3 人工智能解决的问题

人工智能通过学习人类的思考方式,接替人类工作,正在变革它能触及的各行各业,其可以通过数据分析、机器学习、深度学习等技术,对各种问题进行处理和优化,提高效率和准确性,创造更多的价值,如图 1.6 所示。

1. 自动化(automation)

人工智能可以自动化地进行数据输入、排序、分析等重复、耗时和不关键的任务。通过自动化这些任务,企业可以节省时间和金钱,减少错误,并让员工专注于更具创造性和战略性的工作。

2. 预测分析(prediction and forecasting)

人工智能可以分析大量数据,并识别人类无法立即看到的模式和趋势。这有助于预测未来趋势,做出更准确的预测,并为决策提供信息。例如,人工智能可以分析销售数据来预测未来的销售趋势,或者分析财务数据来预测市场趋势。

3. 自然语言处理(natural language processing)

人工智能可以理解、分析和生成人类语言,这可以改善交流和基于语言的任务,包括语言翻译、文本摘要、情感分析和聊天机器人等任务。例如,人工智能驱动的聊天机器人可以通过回答常见问题和解决问题来提供客户支持,从而解放人力支持人员,使其专注于更复杂的案例。ChatGPT 聊天程序可以按照要求撰写文稿。

4. 图像和语音识别(image and speech recognition)

人工智能可以分析和解释视觉和听觉数据,这可以帮助完成面部识别、对象检测、语音到文本转录和说话人识别等任务。例如,人工智能驱动的图像识别可以帮助识别和标记照片中的对象,而语音识别可以用于 Siri 和 Alexa 等语音助手。

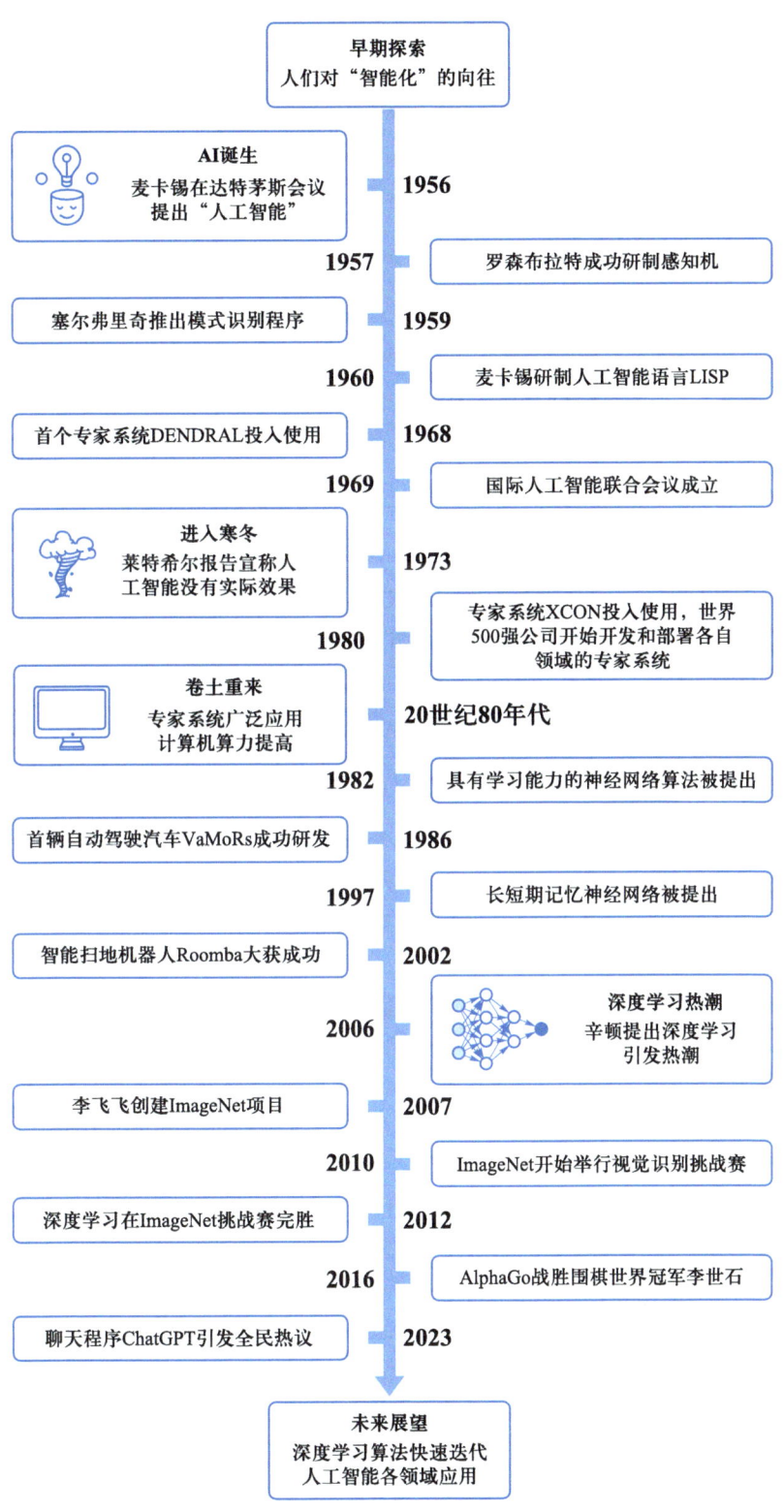

图 1.5 人工智能发展节点

图 1.6 人工智能具体应用

5. 知识工作辅助（knowledge worker aid）

随着知识工作的自动化越来越全面，知识性强的医疗和法律领域的工作人员将逐渐依赖于人工智能技术。Kim Technologies 公司可以在业务流程管理和决策自动化方面提供人工智能驱动的技术支持，为那些没有编程经验的知识工作者提供工具；棋类选手可以通过与 AlphaGo 等围棋程序进行对弈提升自身水平；ChatGPT 可以按照人们的需求优化程序或者润色论文。

6. 优化（optimization）

人工智能可以优化复杂的系统和流程，如物流、调度和资源分配。通过分析数据和识别模式，人工智能可以帮助优化这些流程，以提高效率并降低成本。例如，人工智能驱动的物流可以帮助优化配送路线，以降低运输成本并缩短配送时间。

7. 个性化（personalization）

人工智能可以根据个人偏好和行为对内容和体验进行个性化。这包括对广告、产品推荐和学习材料等进行个性化。例如，人工智能驱动的广告可以根据用户的浏览历史和行为定制个性化广告；营销公司可以通过人工智能对客户进行细分、集成客户数据，进行产品推荐；而人工智能驱动的学习平台可以根据学生的学习风格和进度提供个性化学习材料。

8. 内容创作（content creation）

内容创作包括人们对网络世界输入的任何材料，这也可以通过人工智能代替人工。OpenAI 的 GPT 系列模型和谷歌的 BERT 模型，可以通过预训练和微调，生成高质量的文本内容；谷歌新闻使用自动摘要技术来帮助用户快速了解新闻的主要内容；华盛顿邮报使用自动写作技术来帮助快速生成简短的新闻报道；内容创作者可以借助人工智能绘画工具，通过输入关键词的方式获得需要的作品。

9. 数字孪生/AI 建模（digital twin/AI modeling）

数字孪生是指使用数字技术来创建物理实体的虚拟表示。人工智能可以应用在数字孪生领域中，通过分析、模拟和优化物理系统的运行情况，提高生产效率和产品质量。比如模拟建筑物的能源使用情况、室内气候条件和人员流动情况，从而提高建筑物的能源效率和舒适性；实现机器设备的自动化控制和维护，优化生产流程和提高产品质量；模拟城市的交通流量、能源消耗和环境状况，帮助优化城市规划和公共设施的布局等诸多应用场景。

1.2 机器学习

1.2.1 基础概念

机器学习是一门人工智能的科学，它的研究重点是如何通过机器真实实时模拟人脑学习模式，利用以往的信息和知识做出判断，并根据预测结果自动改进算法，优化程序的性能[15,16]。

机器学习的发展始于 20 世纪 50 年代，伴随着人工智能的发展大致包括四个阶段。

第一阶段为 20 世纪 50 年代到 60 年代初，这一阶段主要研究"无知识的学习"，即系统不涉及具体的知识，而是通过修改自身控制参数改进执行能力，实现目标的优化。塞缪尔于 1952 年编写的跳棋游戏程序就是通过分析构成获胜策略的棋步，并将其纳入自身程序从而提高自身游戏能力，这也是第一个机器学习程序。另外，1957 年，罗森布拉特提出了第一个神经网络感知器，它模拟了人脑的思维过程，是之后人工神经网络与支持向量机的基础。这一阶段的机器学习还远远不能满足实际需求。

第二阶段为 20 世纪 60 年代中期到 70 年代中期，本阶段的研究重心在于将各种学科的知识移植到计算机中，以模仿人脑的思维方式，运用逻辑或图形构造来表达机理，然而由于当时计算机存储空间小，运算效率低，这一时期的研究成果并不理想。同时，这一时期数据库的容量相对较小，数据规模的增大也使得单一机器学习算法效果失真。

第三阶段从 20 世纪 80 年代到 21 世纪初，专家系统的出现让人工智能再度发展，也带动机器学习的发展。美国卡内基梅隆大学在 1980 年举办了首个关于机器学习的国际学术讨论会，这也是机器学习领域的一个重要里程碑，紧接着由西蒙等 20 多位人工智能专家联合著述的 *Machine Learning* 文集第二卷于 1984 年出版，国际性刊物 *Machine Learning* 创刊，此后机器学习开始得到了大量的应用。这一阶段，人们开始探索机器学习不同的学习策略与学习方法。1982 年，霍普菲尔德创建以他名字命名的循环神经网络。1986 年，约翰·罗斯昆(John Ross Quinlan)[17]提出了决策树算法。1995 年，科琳娜·科尔特斯(Corinna Cortes)和弗拉基米尔·瓦普尼克(Vladimir Vapnik)[18]提出了支持向量机的概念。2001 年，雷奥·布赖曼(Leo Breiman)和阿黛尔·卡特勒(Adele Cutler)[19]提出了随机森林算法。20 世纪 90 年代，机器学习从知识驱动转变为数据驱动，计算机通过程序分析大量数据并依据结果进行学习。

如今随着深度学习等技术的发展和应用，机器学习的发展已经进入一个新的阶段，在各个领域都有了更广泛的应用。在实际应用中，机器学习要对问题依次进行抽象、公式化，将实际问题转换成机器学习问题；数据收集和处理；模型训练和优化，选择调试模型参数；模型部署,进行在线预测;监控,关注性能与精度,得到新的数据进行训练迭代。随着各类机器学习方式的使用范围在不断扩大,部分应用成果也已经转换为产业。

1.2.2 常见应用场景

机器学习的运用范围广阔,不管是在军用行业或是民生领域中,都有机器学习技术施展的平台。可以大致分为以下几方面。

1. 数据分析与挖掘

数据分析包括检查和解释数据以提取见解和信息,数据挖掘是在大型数据集中发现模式的过程。数据分析与挖掘需要从大量数据中提取有用的信息和知识,而机器学习则是实现这一目标的一种方法。机器学习可以应用于数据预处理、数据特征选择、数据分类、数据聚类、异常检测、关联规则挖掘等多个领域[20]。机器学习可以帮助企业做出更准确的决策,发现潜在的商业机会,提高业务效率和利润。在电子商务领域,机器学习可以用于个性化推荐和预测客户购买行为;在金融领域,机器学习可以用于欺诈检测和风险评估;在医疗保健领域,机器学习可以用于诊断和预测疾病。

2. 模式识别

模式识别原本属于工程领域,在结合了计算机领域的机器学习之后,带来了模式识别领域的调整和发展。机器学习算法可用于从数据中自动提取特征,这些特征可用于识别数据中的模式和规律,还可用于将数据分类为不同的类别,在图像识别中可以用于从图像中提取颜色、纹理和形状等特征,在语音识别中可用于将口语单词分类为元音、辅音或特定单词等不同的类别。机器学习算法也可用于检测数据中的异常或异常值,这对于识别偏离规范的模式非常有用,在诈骗检测中可用于识别特定用户或账户的正常活动范围之外的交易。

3. 大数据

近十年,机器学习在大数据领域得到长足发展。随着各行各业对数据分析需求持续增加,通过机器学习高效地获取知识,已逐渐成为当今机器学习技术发展的主要推动力。机器学习可以对数据进行智能分析,为信息的转移、处理、储存等方面提供了良好的技术支持,更高效地利用信息。机器学习逐渐朝着智能数据分析的方向发展,成为产业升级的重要驱动力,使得数据能针对可发生事件的过程做出自主计算,实现人们与数据间的协同[21,22],如图1.7所示。运用机器学习对大数据进行智能化分析处理,可以在制造业进行预测性维护、质量控制;在零售业进行产品推荐、机器人客服、需求预测;在医疗保健行业进行疾病识别、患者实时数据警报;在汽车产业进行故障预测、自动驾驶。

1.2.3 分类与常见算法

根据样本数据的特点和求解手段,机器学习有不同的分类标准。基于学习方式的分类目前比较常用,可分为监督学习(有导师学习)、无监督学习(无导师学习)和半监督学习(强化学习)[23]。

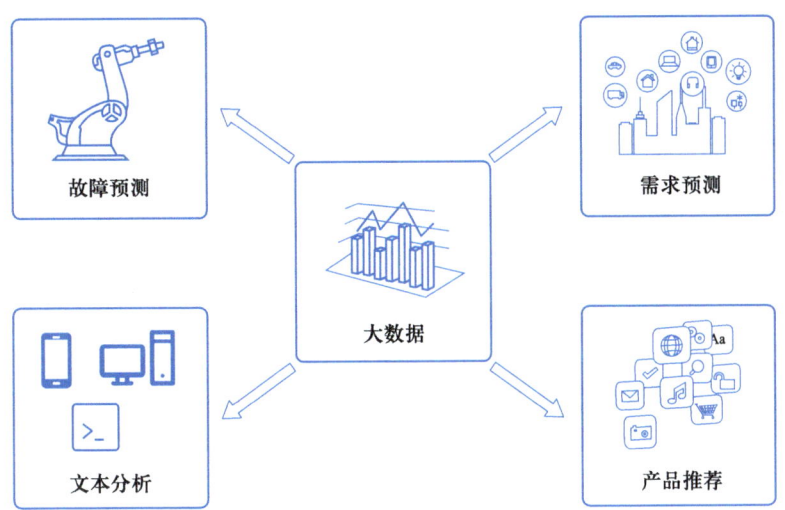

图 1.7　大数据应用

监督学习（supervised learning）是向计算机提供数据与数据对应的标签，让计算机学习不同标签数据的独特特征，从而学会"概念"，将数据和标签对应起来，识别新数据的标签。图 1.8 展示了监督学习原理，给计算机提供猫和狗的图片，并标识什么图片是猫，什么图片是狗，然后再让计算机根据图片学习分辨猫和狗。计算机通过监督学习能够预测房屋价格、股票涨停等。

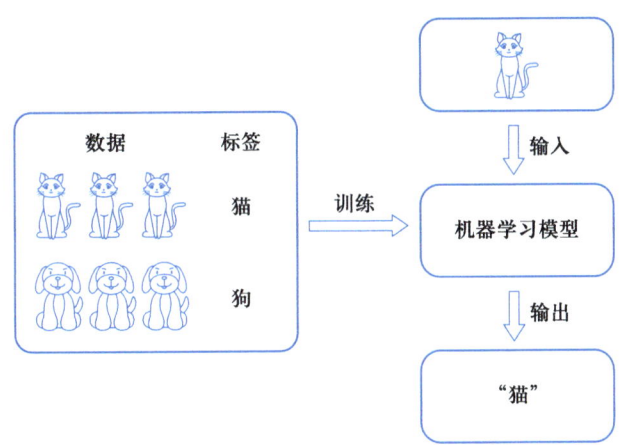

图 1.8　监督学习原理

无监督学习（unsupervised learning）是在没有任何标签或分类的情况下，从数据中学习发现有用的模式和关系。图 1.9 展示了无监督学习原理，在学习过程中只给计算机提供两种动物的照片，让计算机自己总结出两种类型图片的不同之处，去判断和区分两种动物。

半监督学习（semi-supervised learning）对监督学习和无监督学习进行了结合，系统内同时存在有标签的数据和无标签的数据，基于这些数据进行训练和分类，最终预测出未标注数据的标签。

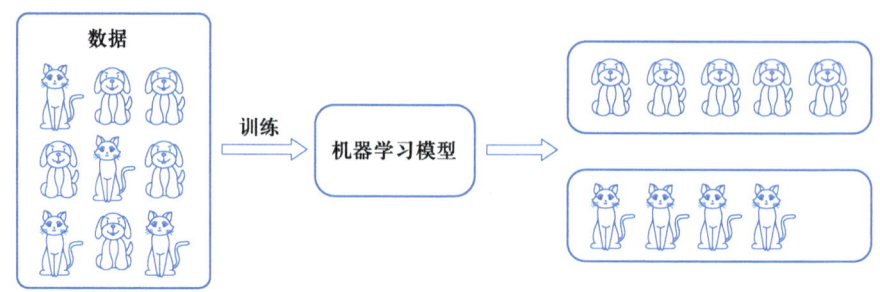

图 1.9　无监督学习原理

机器学习还有其他划分方法，如根据学习方式的不同有归纳、演绎、类比、分析，根据数据形式的不同有结构化和非结构化，根据学习目标不同分为概念、规则、函数、类别、贝叶斯网络。

机器学习包含了许多适合于不同问题的算法，每种算法的优缺点也很明显。

1. 决策树（decision tree）算法

决策树算法及其变种的原理是构建一个树状模型，根节点到一个叶子节点是一条分类的路径规则，每个节点代表决策或测试条件，分支代表可能的结果，叶子代表最终决策或结果。输入空间被分成不同的区域，每个区域有独立参数的算法，决策树模型的关键就是如何确定这些参数。输入的数据将依照确定的参数递归地分割成更小的子集，从根节点到子树再到叶子节点，直到数据能够被准确地分类或预测。该算法的优点是可以解释、结构简单、可以处理数值和类别特征；缺点则是非常不稳定、受噪声数据影响大、复杂的树结构的大量节点会导致过度拟合、在计算中不容易并行化。

2. 随机森林（random forest）算法

随机森林算法是决策树算法的改进，它解决了噪声或分裂属性过多影响下误差大的问题。通过独立训练多个决策树，同时作用产生结果，用投票进行分类，用平均进行回归，以提高鲁棒性。随机抽取样本并进行替换，随机选择特征的子集。简单来说，随机森林算法建立了多个决策树，并将它们合并在一起以获得更准确和稳定的预测。

3. 朴素贝叶斯（naive Bayes）算法

朴素贝叶斯算法是一种基于贝叶斯定理的监督学习算法，贝叶斯定理公式为

$$P(Y|X) = \frac{P(Y)P(X|Y)}{P(X)} \tag{1.1}$$

所谓朴素，是指对贝叶斯算法作出了给定目标值时每对特征之间相互条件独立简化，即

$$P(X|Y=y) = \prod_{i=1}^{d} P(x_i|Y=y) \tag{1.2}$$

所以在给定类别时后验概率可以表示为

$$P_{\text{post}} = P(Y|X) = \frac{P(Y)\prod_{i=1}^{d} P(x_i|Y)}{P(X)} \tag{1.3}$$

首先通过训练集学习输入到输出的联合概率分布，之后使用最大后验概率估计来计算

训练集中对应特征的概率,即可进行分类。

$$P(y_i|x_1,x_2,\cdots,x_d)=\frac{P(y_i)\prod_{j=1}^{d}P(x_j|y_i)}{\prod_{j=1}^{d}P(x_j)} \tag{1.4}$$

4. 支持向量机(support vector machine)算法

支持向量机的基本思路是通过一种非线性变换增大输入空间的维度,从而在新的复杂空间中获得最佳的线性分类曲面,如图1.10所示。通过这种方法得到的分类函数与神经网络算法的形式相似。支持向量机虽然是一种典型的统计学习算法,但它与传统的计算方法有很大的区别,通过提高空间维度把问题简化成可线性分解的古典问题。支持向量机在垃圾信息识别、人脸识别等方面具有广泛的应用前景。

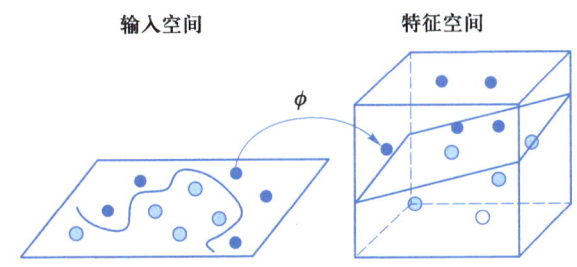

图1.10 支持向量机

1.3 深度学习

1.3.1 人工神经网络基础

人工神经网络(artificial neural network,ANN),简称神经网络(neural network,NN)或类神经网络,是一种机器学习和认知科学领域的数学模型。该模型由多个被称为神经元(neuron)的节点相互连接组成,每个神经元会根据权重(weight)将来自其他神经元的输入信号进行加权变成自身的激励(activity of the neuron)值,之后经过激活函数(activation function)传递给其他的神经元,最终输出一个结果。神经元之间的连接权重是通过反向传播算法不断训练调整而得到的,它使得网络能够学习到输入与输出之间的映射关系,以使输出的结果尽量接近期望的输出结果,从而实现各种复杂的任务,如分类、回归、聚类、图像识别等[24]。

长期以来,科学家都期望有一种可以模仿人类大脑进行思考的机器。决定个体生命的行为、意识的载体是大脑的中枢神经系统,人类思维能力的核心就是人体的神经网络:外界信息经过神经末端,被转换成电信号,传递给神经元。在大脑中,单个神经细胞接受成千上万根神经纤维的输入,通过对输入信号的整合建立一种新的信号,传达复杂的含义,产生了意识。由大量的神经元组成的神经中枢根据不同的信号做出决定,信号的传递通过离子通道,产生电位差,出现动作电位,激发突触释放神经递质,之后电信号作用在效应器,使人体对外部刺激做出反应。智力是电信号传递的速度和对信息感知的敏锐度及对信息的分析判断能力。人工神经网络的结构和功能与人体神经网络类似,担当神经元角色的人工节点是处理单元,无数节点连接在一起形成网状结构,以数学模型模拟神经元活动,可以集体地、并行地处理信息,而不需要描述每个单元的特定任务。

典型的人工神经网络由结构(architecture)、激活函数(activation function)、学习规则(learning rule)组成。

1. 结构

结构允许神经网络自适应地学习输入和输出之间的关系。人工神经网络的结构通常由多个层次组成,每个层次包含多个神经元。这些层次通常分为输入层(input layer)、隐藏层(hidden layer)和输出层(output layer)。输入层接受外部数据,隐藏层执行中间计算,输出层输出最终结果。每个神经元都有一组权重,它们决定了神经元的输入如何影响其输出。神经元的输出通过激活函数进行处理,以产生最终输出。图1.11列出了神经网络常见的三种结构。

2. 激活函数

激活函数是指神经网络中的一种非线性函数,用于对输入信号进行加权求和后的结果进行非线性映射,使神经网络可以学习和处理非线性问题。在神经网络中,每个神经元接收到一组输入信号,将这些信号加权求和,并通过激活函数进行映射,产生输出结果,作为下一层神经元的输入。一般激活函数依赖于网络中的权重。

早期的激活函数通常采用Sigmoid函数或Tanh函数,输出有界,很容易作为下一层的输入。Sigmoid函数的数学形式为

$$f(z) = \frac{1}{1+e^{-z}} \tag{1.5}$$

这种函数可以将输入转换为0~1之间的输出,但其运算包含幂运算,计算量较大,并且其输出的均值并不为0,会产生一些不好的影响。

Tanh函数的解析式为

$$\text{Tanh}(x) = \frac{e^x - e^{-x}}{e^x + e^{-x}} \tag{1.6}$$

这种函数解决了Sigmoid函数的输出均值非0的问题,然而依然存在幂运算的问题。

现在的人工神经网络通常使用ReLU函数或是其改进形式,其数学表达式为

$$Relu = \max(0, x) \tag{1.7}$$

这种函数虽然简单,但它具备计算速度快、收敛速度快等特点,因而被广泛使用。

3. 学习规则

学习规则是指神经网络通过训练来调整权重和偏置,以使网络能够更好地逼近所需的输出。通常学习规则由每个神经元的激励、当前网络权重、目标输出向量共同决定。

现代人工神经网络的结构相比受生物学启发的原始结构更加复杂和实用。不同层之间的神经元数量和连接方式多样,使得神经网络可以适应不同的任务和数据类型。此外,激活函数和学习规则也更加多样化和高效,可以帮助网络更好地拟合和解决各种复杂的问题。

人工神经网络的一般训练过程是首先为神经元之间的连接权重分配随机值,输入原始数据后,神经元根据自身激活函数将信息向下一层进行传递,下一层的神经元根据上一层传来的信息以及连接权重处理信息,并根据激活函数继续向下一层传递,直至传递到输出层,之后按照学习规则调整权重,直至输出与目标值吻合。

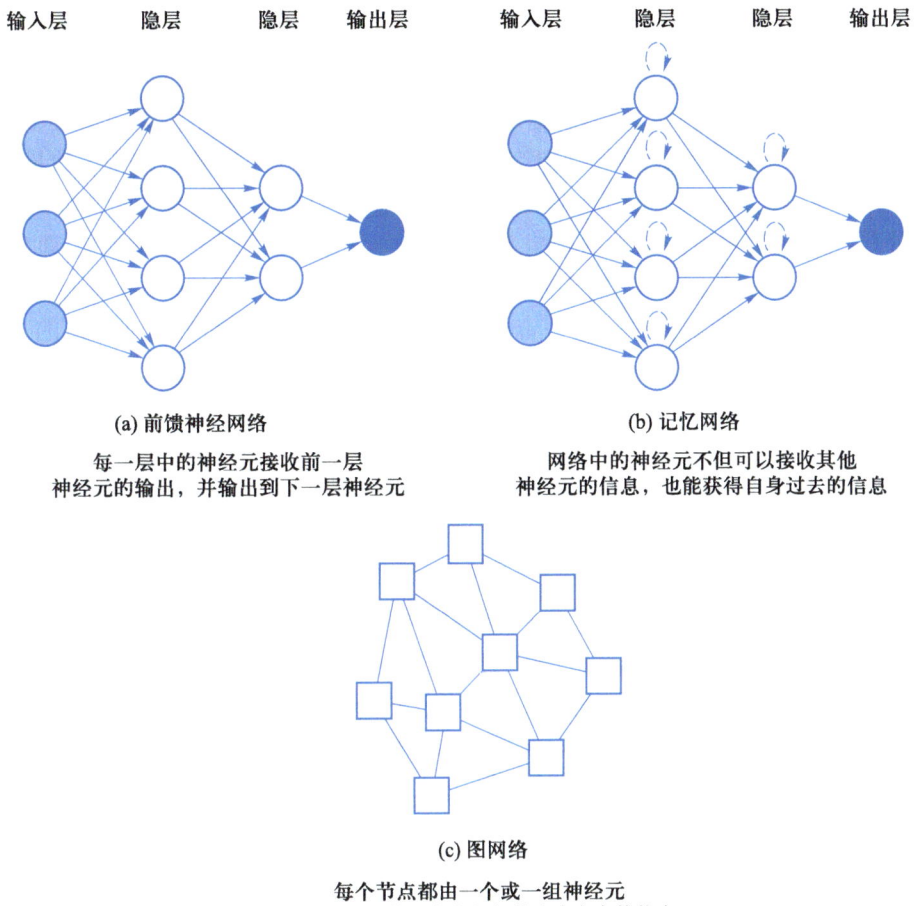

图 1.11　神经网络结构

1.3.2　传统机器学习算法的挑战

传统机器学习虽然已经取得了很大的进展,但对复杂问题的处理效果还远未能满足实际使用需求。求解真实问题时,机器学习可以分成特征提取和特征输入两个阶段。特征提取阶段,可以通过降维、去除不相关数据和冗余数据,增加机器学习效率和效果。传统算法输入的是描述特征的特定向量,不同实际问题需要的特征向量不相同,因此必须有针对性地进行人工设计。

同一种机器学习算法面对不同问题会提取不同的特征,如计算机视觉中颜色直方图用于描述图像颜色的概率分布;语音识别中人声频率特征用于描述声音信号的频率特征;自然语言处理中信息检索加权特征用于描述单词在文档中的概率分布。此时特征与数据高度匹配,特征提取的人工设计高度依赖于各个应用领域的专业知识,也就是依靠人工经验,通用性差。

有时同种数据的不同应用也需要设计不同的特征,比如计算机视觉领域的图像分类中,在人脸检测中有效的 Haar 特征[①]在检测识别行人时效果较差,针对这个不足人们设计出了方向梯度直方图(histogram of oriented gradient,HOG)特征[②]。这些人工设计的特征相对单一,表达数据特点的能力受到一定程度的制约,降低了算法的准确性。而如果期望通过增加特征维度的方式增加精度,又会出现维度灾难的现象。也就是说,当特征向量维度不高时,增加特征维度就可以实现精度提升;但当维度到达一定程度时,继续增加特征数量,计算量呈指数倍增长,效率降低,精度下降,这也成为经典机器学习的精度瓶颈。

另外传统机器学习算法在大数据集上还会发生泛化性能急剧下降的现象,即简单的模型在面对复杂的问题时建模能力有限,即使能在训练集上得到很好的拟合效果,在测试集上计算质量下降明显,泛化能力差。总而言之,基于人工特征和传统机器学习算法的方案难以高效解决人工智能中面临的诸多核心问题。

1.3.3 深度学习

自动学习提取有效特征并加大模型的复杂度可以弥补传统机器学习算法的不足,而前述的人工神经网络,虽然结构简单,但以模拟大脑神经网络处理信息的方式处理数据,反而可以逼近复杂的非线性关系。此时增加网络中隐层的深度和神经元的数量,就可以建立更复杂的模型,具有更好的通用性。

显然,将人工神经网络应用到机器学习中不失为冲破瓶颈的一个思路。初步尝试后人们发现,人工神经网络中权重参数的更新都依赖于前面层的梯度,梯度随着层数的增加而指数级地衰减,从而导致靠近输入层的隐藏层参数更新缓慢,更新速度低于靠近输出层的隐藏层参数更新,难以收敛,造成梯度消失的现象。如果能解决人工神经网络层次过多导致的梯度消失、梯度爆炸等诸多问题,就可以用深层神经网络来完成复杂的任务。

2006 年,辛顿等人在 *Science* 发表论文[13],介绍了一种利用受限玻尔兹曼机和分层训练的方法,该方法用来训练深层神经网络,能够显著降低训练神经网络的难度,得到一个有多个隐含层的自动编码器网络。网络前面的层为编码器,实现对数据的非线性映射,从而提取出特征;网络的后半部分为解码器,以编码器输出的向量为输入,重构出原始输出向量,最终实现数据降维。该训练的最大困难是如果权重初始值设置不当,训练时将无法收敛,但如果参数初始值已经接近最优解,通过梯度下降法可以完成网络的训练。而受限玻尔兹曼机本身就是一种可通过输入数据集学习概率分布的随机生成神经网络,可以通过它得到接近最优解的初始权重值。辛顿等人提出的具体做法是先训练多个受限玻尔兹曼机,得到他们的权重值,然后以这些权重作为编码器各层权重的初始值,以他们的转置作为解码器各层权重的初始值,接下来用梯度下降法训练自动编码器。在多个数据集上的测试结果表明了这种

---

① Haar 特征因其原理与 Haar 小波变换相似而得名,是第一种即时的人脸检测运算。

② HOG 特征通过计算和统计图像局部区域的梯度方向直方图来构成特征,对图像几何的和光学的形变都能保持很好的不变性,适用于图像中的人体检测。

方法的有效性，这为解决多层神经网络难以训练的问题提供了一种新的思路。

尽管这篇论文提出的方法在实验中有效，但并没有被大规模使用，其价值在于，它将人工神经网络又重新拉回了人们的视野，引领了深度学习研究的潮流。2012年，辛顿等人设计的AlexNet通过使用ReLU激活函数和Dropout机制[①]在ImageNet图像分类比赛中夺冠，大幅领先排名第二的算法，显示出深层卷积神经网络的绝对优势，这是一种更具有应用价值的方法。

此后，深层卷积神经网络在图像、视频类的空间数据建模上得到广泛应用。大量的实验数据和工程应用表明，拥有充足训练样本的深度神经网络在处理复杂问题时能够获得较高的处理效率。而循环神经网络在时间序列数据建模问题上，也取得了成功，其可以记忆较长的时间序列信息，相比原本只能处理较短时间序列的神经网络更具优势，在语音识别、自然语言处理、机器视觉中的动态数据建模问题上表现出良好的效果。

总之，深度学习并不是一个特定的数学模型，而是一类机器学习算法的统称[25]。它的最大特色在于没有使用人为设置的特征，而是结合了机器学习的方法直接提取图像信息，能够实现终端到终端的训练，具有很强的通用性。例如，在对图像进行分类时不需要设置特征，只将图像和标签输入到深度学习的框架中就可以实现对图像的训练，如果训练目标发生变化，只需要更改输入的训练数据就可以完成新的预测任务。

深度学习算法相比于浅层学习的神经网络算法更具灵活性，可以处理更加复杂的问题，并且能够自动地从数据中提取有用的特征，从而实现特征提取和机器学习算法的集成。综合运用深度学习，能够根据实际问题的特性，灵活设定多个不同的神经网络结构或选择不同的损失函数，来实现训练目的。例如面对目标测量问题，可以设计专用的卷积神经网络，实现对目标位置和大小的预测；面对图像分割问题，可以设计全卷积网络，完成对每个像素类别的预测[26]。前面介绍，神经网络层数的增加会带来训练的困难，典型的问题包括梯度消失和局部最优解当作全局最优等问题。深度学习算法通过各种技巧解决这些问题，包括新的激励函数如ReLU、Dropout正则化、跨层连接等方式，保证深层神经网络能够进行有效的训练。

样本数据量对于深度学习十分关键。为了训练出更复杂的模型，同时避免过拟合，训练深度学习模型一般需要比训练传统机器学习模型更大规模的训练样本集。大量实践结果表明，深度学习的训练效果与预测精度同样本的数据量密切相关，有效数据量的增加能显著提升深度学习的预测精度。一般而言，大数据集上训练出来的复杂模型比小数据集训练出来的简单模型，在精度上有显著提升。但是，模型复杂度和训练样本数的增加会带来计算量的急剧增加，如何高效地完成神经网络的训练和预测是实际使用时必须解决的问题。与CPU计算相比，GPU的并行计算技术非常适合处理模型训练时的大规模数据集（以矩阵/向量的形式进行运算），代表如NVIDIA公司的CUDA（compute unified device architecture）框架。因此，GPU计算被广泛用于卷积神经网络、循环神经网络等深度学习算法的实现。另外，分布式计算技术也适用于大规模深度学习模型的训练和预测。

---

① Dropout机制通过忽略一半的隐层节点，减少隐层节点的相互作用，避免过拟合的现象发生，提高模型泛化能力。

1.4 强化学习

1.4.1 基础概念

作为机器学习的一个重要分支,强化学习是一种跨学科、多个领域的交叉研究,其核心思想是通过智能体与环境的交互以及试错来学习最优决策策略。

强化学习的框架包括智能体(agent)、环境(environment)、动作(action)、奖赏(reward)、状态(state)五部分,其原理就是让智能体通过尝试不同的动作,改变环境的状态,并根据相应的不同奖赏,学习如何动作才能获得最大奖赏,如图1.12所示。以儿童学习走路来示例:儿童是一个智能体,在学会走路的过程中要掌握站立、迈腿、平衡等一系列的动作要领。每一个动作都带来智能体状态的改变。站立—迈腿—平衡—站立,如此成功走出了几步或完成任务时,儿童会受到父母的赞赏(环境给予奖赏);动作过程不标准、衔接不当时,儿童会摔倒,并感受到疼痛(环境给予负面奖赏);在反复接受正反两面的反馈之后,智能体逐渐摸索到标准的动作和正确的动作顺序,为达成理想的状态采取正确的决策(由系列动作组成),就这样在与环境的互动中完成了学习,学会了走路。

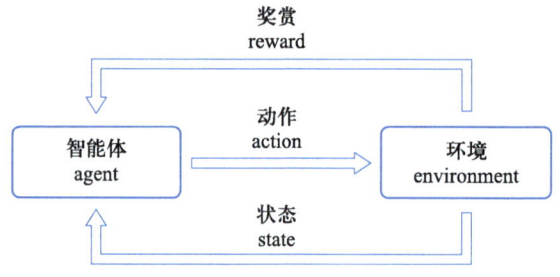

图1.12 强化学习原理

强化学习的算法主要分为基于值(value-based)的算法和基于策略(policy-based)的算法两大类,其中Q-Learning是一种强化学习中最为经典且经常提及的算法,这里不详细展开,可通过参考文献[27-32]获取更多信息。

1.4.2 强化学习与监督学习和无监督学习的区别

现在来区分强化学习和监督学习[33],监督学习是在学习的过程中有导师对学习过程进行分析和指引,并对学习行为提出一定的建议,但在很多诸如棋类游戏这类的实际问题中,导师无法掌握所有可能情况的应对方式,就无法全面灵活地针对学习给出相应合适的建议或决策,这是一个有限决策方案。而强化学习则是在没有任何标签的前提下,通过动作的变化来改变周围的环境,并根据环境状态的变化来调整自身之后的动作。两种学习模型都是从输入到输出的映射,不同之处在于,监督学习的结果是输入和输出的关系,而强化学习是学习智能体与周围环境的反馈机制。在响应速度上两者也有区别,监督学习在给定输入后可以立即给出输出,而强化学习的反馈却有延时,在进行一系列动作后才能判断奖赏的大小。另外,强化学习的输入一直在变化,来自环境的反馈会影响算法的下一个动作,而监督学习的输入相互之间则没有关系,互不干扰。通过强化学习,智能体会进行过去经验中奖赏最大的动作,同时尝试有可能奖赏更大的新动作,而监督学习则不会考虑这种探索和开发。

无监督学习的学习结果是模式,而不是输入到输出的映射。例如在向用户推送新闻热点时,无监督学习会选择与先前用户感兴趣内容类似的文章进行推送,这就是聚类。一个聚类算法通常只需要知道如何计算相似度就可以开始工作了。而强化学习将先向用户随机推送无关联的新闻,通过用户的反馈,捕捉构建用户的兴趣热点,再据此分析判断待推送新闻,做出决策,进行精准推送。

1.4.3 常见应用场景

强化学习有广泛的应用场景。

1. 机器人

强化学习可用于训练机器人执行复杂任务,如组装、操纵和导航。OpenAI 的研究人员使用强化学习来训练机器人手,通过用手指操纵魔方来解决魔方问题。

2. 游戏设计

强化学习已被用于在象棋、围棋和扑克等游戏中与人类玩家进行对战。AlphaGo Zero 就是基于强化学习设计的,它从零开始学习围棋游戏,通过与自己对战进行自我训练。它使用棋盘上的黑白棋子作为输入特征和单个神经网络,运用简单树搜索来评估位置移动和样本移动,仅训练了 40 天时间,其表现就超越了曾打败柯洁(世界冠军)的 Master 版本 AlphaGo。

3. 推荐系统

强化学习可用于基于用户偏好和行为在电子商务和内容平台中个性化推荐。美国网飞公司(Netflix)使用强化学习根据用户的观看历史和反馈向其推荐电影和电视节目。

4. 自动驾驶

强化学习尤其适用于自动驾驶这种需要考虑各个地方的限速、可行驶区域、避免碰撞等多方面因素的强环境反馈场景。Waymo 使用强化学习来训练其自动驾驶汽车,以在不同的交通场景中做出决策,包括轨迹优化、运动规划、动态路径、控制器优化和基于场景的高速公路学习策略。

5. 工业控制系统

基于强化学习的工业系统已经被用于执行各种任务,有效提升了效率,降低了人工成本。西门子的研究人员使用强化学习来优化燃气轮机发电厂的运行,Deepmind 使用人工智能代理来冷却谷歌数据中心。

6. 金融领域

监督学习模型可用于预测未来的销售以及预测股票价格,但无法对在特定股票价格下要采取何种行动给出确定的建议。而强化学习可以在特定价格下决定持有、买入还是卖出股票,还可以对市场基准标准进行评估,以确保其表现最佳。IBM 拥有一个基于强化学习、能够进行金融交易的平台,它可以根据每笔金融交易的损失或利润计算奖赏函数;摩根大通也使用强化学习来预测股价并优化其交易策略。

7. 医疗保健

强化学习可用于根据患者的病史和健康状况制定个性化治疗计划。斯坦福大学的研究人员使用强化学习来制定败血症的个性化治疗计划。

1.5 迁移学习

1.5.1 基础概念

迁移学习并不是一种具体的模型,而是当前深度学习领域的一系列通用的解决方案,其原理是以为一项任务开发的模型作为原始版本,将其应用在为另一项任务的模型开发中,如图 1.13 所示。简而言之,就是使用已经训练成熟的 A 模型来训练开发 B 模型。神经网络的训练需要大量的数据分析特征来确定权重,也可以从已经训练好的模型中提取权重,将其迁移到新模型中,使新模型一开始就初步掌握了数据的特征,这个过程称为预训练(pre-training),之后经过简单调参(fine-tuning),使新模型和数据重新适配,就不用从头学习,节省了新模型的训练时间。

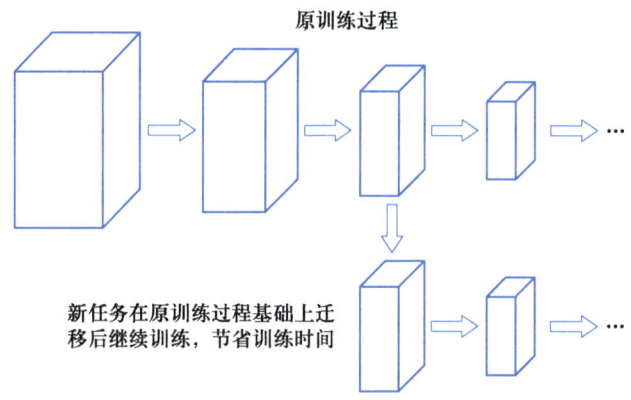

图 1.13 迁移学习原理

另外,如果当前缺乏训练数据,也可以使用近似领域内经过大量数据训练完善的模型,这样不需要大量数据,新模型也可以拥有很好的性能。预训练 + 调参是当前最受欢迎的迁移学习方式,尤其在图像识别领域,经过预训练的 ImageNet 模型被很多工程项目作为开发的原始版本。

迁移学习涉及的基本概念包括:描述特征空间和概率分布的域(domain),包含标记空间和目标预测函数的任务(task),表示预训练模型原始版本的源(source),以及期望用源结合自己的数据所达到的目标(target)。

迁移学习中可迁移的内容多种多样,具体如下。

样本迁移(instance-based transfer)试图解决源域数据与目标域数据分布不匹配的问题。在样本迁移中,不使用源域的全部数据,而是仅选择一些源域数据样本进行处理,从而匹配目标域数据的分布,以达到提高预训练模型在目标域下的泛化性能的目的。

特征迁移(feature-representation transfer)是指将从一个数据集中学到的特征应用于另一个数据集中。通常情况下,训练一个机器学习模型需要大量的标记数据,但是在许多应用场景中,往往很难获取大量标记数据,因此通过特征迁移,可以利用从其他数据集中学到的特征来训练目标数据集的机器学习模型,从而避免大量标记数据的需求。

参数/模型迁移(parameter transfer)是直接将源域上训练好的模型或参数应用到目标域上,从而减少目标域上的训练时间和数据量。预训练+调参的本质也是一种参数/模型迁移。

在实际应用中,使用预训练+调参的方式进行迁移学习分为两个步骤,第一步是将预训练模型当作特征提取器;第二步是进行参数的微调。前者是指在一些深度学习开源项目中有一些已经预训练好的模型,比如 TensorFlow 和 Pytorch 上的预训练好的 ImageNet 模型,我们将源模型的末级全连接层转换为目标任务的类型进行输出或者直接换成目标任务的分类器,而源模型的其他网络结构就成了前置的特征提取器。但是直接使用源模型作为特征提取器的效果并不够好,所以我们需要微调,先对前几层的参数进行冻结,仅对后几层和末级全连接层的参数进行更新。微调过程中一般不建议使用过大的学习率,通常来说 1×10^{-5} 是比较合适的选择。

1.5.2 预训练模型

预训练模型(pre-trained model)是目前已经存在的完善模型,可以直接使用该模型解决类似问题而不需要重新训练新模型。比如开发一个自动驾驶系统,与其花费数年时间从头训练一个图像识别算法,不如从使用经过谷歌 ImageNet 数据集预训练的模型起步。虽然预训练模型不完全符合设计目标,但极大的相似性可以为训练目标模型提供便利、提升效率。

在一般训练神经网络时,期望能够在多次正向迭代的过程中确定合适的权重。而使用经过大数据集训练的预训练模型的结构和权重,应用到现有问题,就是迁移学习。ImageNet 数据集的数据规模庞大,有助于训练普适模型,被当作图像识别领域的预训练模型广泛使用。ImageNet 的训练目标是将数据集内全部近 120 万张照片正确划分到 1 000 个日常生活的分类条目下,比如说猫狗的种类,各种家庭用品,日常通勤工具等。经过大规模的训练,ImageNet 的模型已经能够比较精确地识别数据集之外的图片,作为预训练模型,我们仅需进行微调,不必过多修改权重。

有了预先训练的模型,如何利用它,就是目前所要解决的最重要的问题,这取决于数据的规模、数据的来源和数据与目标数据的相似性。

当研究目标的数据集比较小,且与源数据集具有很大比例的重复性时,我们无须对该模型进行再训练,只需要使用预处理模型进行特征抽取,根据目标任务的实际情况对输出层的构造进行修正。例如,通过 ImageNet 训练的模型识别一套新照片的猫与狗,所要识别的图像与 ImageNet 数据库中的图像相似,但只有猫和狗两个目标输出,比原本近千条类比减少许多,这就大大降低了识别难度。

当研究目标的数据集比较大,并与源数据集重合程度较高时,这是一种非常理想的情况,目标数据集的庞大更能体现迁移学习的优势,应用迁移学习可以大大减少训练周期。在保证源模型的原始结构和原始加权值不改变的前提下,可以直接进行目标数据的处理。

当研究目标的数据集比较小,并且与源数据集重合程度较低时,源数据与目标数据之间不能形成良好的匹配,需要重新训练,改变模型中的权重参数。冻结预训练模型前面几层的权重,保证模型能够对特征有一个初步的提取,避免因为目标数据集较小无法精准学习,然后对后面几层的网络进行重新训练,使之能够满足目标任务。

当研究目标的数据集比较大,并且与源数据集重合程度较低时,尽管大量的目标数据对训练是有利的,但是由于目标数据和源数据差别巨大,模型的泛化性能下降;此时最好还是将预处理模型中的权重全都初始化,然后再在新数据集的基础上,重新开始训练。

1.5.3 常见应用场景

模型训练时,数据的分类特征有时与人类的主观感受不一样,这就导致训练集可能包含人类难以察觉的偏差,即使训练集和验证集看起来一样,但仍会出现过拟合的现象。因此,迁移学习的应用需要高度关注源域和目标域之间的关联程度。

1. 计算机视觉

迁移学习已广泛应用于计算机视觉任务,如图像分类、目标检测和分割。在 ImageNet 上预训练的模型可以在视网膜图像数据集上微调,以检测糖尿病视网膜病,这是糖尿病的常见并发症,可能导致失明。该模型也可以在经过微调后从 X 射线图像中检测癌症。

2. 自然语言处理

迁移学习也被应用情感分析、语言翻译和问题解答等自然语言处理领域。可以在新闻数据集上微调预训练模型,以预测人们看到新闻的情绪,进行情绪分析。也可以在特定语言对上进行微调,以执行机器翻译。

3. 语音识别

经过训练的语音识别模型在语音数据集上进行微调可以识别特定人物的语音,可以应用于访问控制等安全领域。也可以用来识别多种语言的语音,或者同一种语言的不同口音。

4. 机器人

可以在物体及其三维坐标的数据集上微调预先训练过的模型,以使机器人手臂能够在杂乱的环境中抓取物体。也可以在图像数据集上进行微调,以使机器人能够执行视觉定位,这在自动导航等应用中非常有用。

5. 推荐系统

可以在用户评分和电影功能的数据集上微调预训练模型,以根据新用户的偏好向他们推荐电影。也可以在电子商务中使用预训练模型在用户购买历史和产品特征的数据集上进行微调,以根据用户以前的购买向用户推荐产品。

1.6 本章小结

本章主要介绍了人工智能、机器学习、深度学习、强化学习、迁移学习的基本概念、发展历程和应用场景。人工智能是一种研究探索如何模拟拓展人的智能的概念、方式、技能和应用体系的新兴社会自然科学,其发展历经了推理期、知识期、学习期三个时期。而机器学习是实现人工智能的一种重要手段,主要研究如何利用计算机来实现对人类学习方法的实时仿真,通过过往的数据或者经验进行预测,并根据预测结果自动对算法进行改进和优化,大致可以分为监督学习、无监督学习、半监督学习三类。深度学习是一种基于机器学习技术的研究领域,主要研究如何根据数据自动确定有效的特征,而深度学习模型中的权重通常使用人工神经网络确定,这是一种通过模仿生物神经网络对函数进行估计或近似的模型,由输入层、输出层、隐藏层三部分组成。强化学习作为一门新兴的机器学习技术,实质是智能体在与环境的交互过程中,通过学习策略达成回报最大化或实现特定目标的问题,实现自主持续的决策过程。迁移学习是一种目前流行的机器学习解决方案,可以借助原有模型进行训练,节省训练时间。除了深度学习、强化学习、迁移学习之外,机器学习还包括许多其他典型的学习方法和应用方案,在这里不再赘述。了解了人工智能的基本概念后,我们可以更直观地认识人工智能的应用场景,而其在能源领域中的使用。人工智能在能源领域中的使用,将为能源系统注入新的活力,为"双碳"目标的实现贡献巨大力量。

习题

1. 简述对人工智能、机器学习、深度学习的理解和它们的区别。
2. 简述什么是监督学习、无监督学习、半监督学习。
3. 举例并解释机器学习的常见算法。
4. 简述典型的人工神经网络由哪些部分组成。
5. 简述常见的多层结构的前馈网络由哪些部分组成。

习题参考答案

本章参考文献

第 2 章　能源系统与人工智能

环境污染和能源短缺是目前世界范围内亟须解决的重要问题,很多国家通过研究和发展各种新型清洁能源来应对日益迫切的环境能源危机。现阶段已经被广泛研究的新型清洁能源包括水能、太阳能、氢能、风能等。随着时代的进步和科技的发展,世界能源体系逐渐脱离之前能源产业的单一化以及能源网络的相对独立化,转向智能化、协同化和规模化的方向发展。

能源产业的发展离不开工业发展的不断变革。工业时代经历了最初以机器代替手工生产的机械化时代,之后是电力取代了蒸汽能源的电气化时代和计算机技术,随着通信技术和自动化技术高速发展进入信息化时代[1]。目前工业时代正逐渐迈向网络化时代,这是一种更加智能、互联的生产模式,将工业生产、信息技术和网络科技深度融合。

能源互联网是基于互联网技术,以清洁、低碳能源为主导的智能能源系统。它是由大规模可再生能源发电设施、能源互联网储能设施、电力电子装置和数字化管理系统等组成的一种集成能源系统,可以将分散的、不稳定的可再生能源集中起来,实现大规模、高效地利用,并能够在能源供应与需求之间进行智能调节,以实现能源的高效利用和低碳减排[2]。其中最重要的技术就是人工智能技术。

随着互联网和人工智能技术的不断发展,能源产业的传统模式已经难以满足新的市场需求。"能源+人工智能"的思路可以帮助传统能源产业实现产业转型和创新,提高生产效率,改善消费体验,促进能源行业的可持续发展。随着能源与人工智能的深度融合,能源产业进一步向智能化、网络化发展。通过人工智能技术,解决我国能源生产、运输、储存等各个环节面临的问题,提高能源供给效率,优化能源消费结构,提高能源生产和供应的稳定性和安全性[3]。随着能源产业的不断发展和能源消费的快速增长,能源结构变得日趋复杂,能源系统的发展方向势必要向智能化转变[4]。本章的内容主要包括三个部分:通过工业革命发展的过程介绍相应时期能源的变革;阐述人工智能+能源的新时代能源 4.0;分析能源互联网与智慧能源之间的相互关系以及特点。

2.1 工业发展历程

2.1.1 工业1.0——蒸汽机械时代

第一次工业革命又称为工业1.0，开始于18世纪末的英国，是人类历史上最重要的经济、社会和技术变革之一，到19世纪初结束。18世纪下半叶，英国发生了以蒸汽动力等多项突破性技术发明为特征的技术革命，也就是第一次工业革命。它促进了机器在工业中的广泛应用，带来了翻天覆地的变化，社会自此从以农业为主逐步转向以工业为主，实现了社会生产从手工工具生产到机器生产的转化，诞生了蒸汽机、珍妮纺织机等标志性发明[5]。

18世纪，纺织业是世界范围内重要的支柱产业，根据原料不同，主要分为毛纺织业和棉纺织业。在英国，羊毛纺织业比例非常高，是当时重要的传统产业。从16世纪到18世纪，英国羊毛纺织业几乎处于世界垄断地位。因此，羊毛纺织行业的制造商们始终关注的是如何保持这种垄断优势。与之相比，棉纺织业作为新兴的发展产业，其优势在于较少受到旧的生产习惯（行会制度、法律法规等）的约束，但在人力、原材料、环境适应性等方面还远远落后于印度等棉纺织品生产的传统大国。与此同时，随着航海商贸的发展，印度棉织品在东西方贸易中逐渐由奢侈品转向大宗商品，源源不断进入英国，与毛织品构成竞争。政府不得已出台了相关政策，禁止进口棉纺织品，这才极大缓解了本土棉纺织业发展过程中的竞争压力，强大的市场需求倒逼技术革新。18世纪上半叶，虽然毛纺织业进行了许多技术试验，但技术改革的紧迫性远远低于棉纺织业，英国人积极发挥科技和制度的优势，以技术革新为纺纱和织布提速，提高产品质量。

在珍妮纺织机出现之前，另外一项纺织业革命性的发明就已问世，这便是1733年由英国的约翰·凯伊（John Kay）发明的飞梭。飞梭机的出现极大地提高了纺织品的生产效率，改变了当时的纺织业生产模式。飞梭可以使人们比以前更快地编织各种尺寸的布料，但是其使用依赖于特定的自然环境。这是由于棉、麻等天然纤维，在干燥时容易发生断裂，但在高湿度的条件下强度提升。因此，在相对低湿度环境下，纺纱织布的飞梭飞得越快，纱线断头率就会越高，极大影响纺织效率。此外，受限于英国本土有限的棉纺织业市场，纺织车工人对这项发明的接受度不高，这项发明在当时并没有得到很好的推广。随着绵纺织业的发展，飞梭极大程度地促进了棉布的生产，增加了纺织品的产量为棉纺织业机械化提供了保证。

1764年，英国工匠詹姆斯·哈格里夫斯（James Hargreaves）设计发明了一种织布机器，这种机器可以同时操纵多个纱线进行织造，以提高织布效率，他将其命名为珍妮纺织机（Spinning Jenny），如图2.1（a）所示。这个发明被认为是第一次工业革命的标志性成果。英国社会的高速发展以及工业化进程的快速推进导致大量农民失去土地，他们不得已到城市的车间进行工作，间接保证了英国纺织业充足的劳动力。另一方面，印度当时作为英国的殖民地，生产的棉花品质非常好，保障了棉花的供应，为英国纺织业的快速发展提供保障。虽然飞梭在纺车的应用使得纺织机的生产效率极大提升，但是飞梭的使用仍依赖于家用纺织车,纺织品的产量始终无法得到质的提升。英国棉纱供应依旧短缺,销售价格偏高。而珍妮纺织机可以大大提升棉纱的生产效率,使得棉纱价格下降。纺织厂生产的产品更加物美价廉,受到大众的青睐。随着进一步的改进,珍妮纺织机的市场进一步扩大。

虽然纺织工业正在逐步工业化,但生产中使用的动力主要依赖人力和水力,很不稳定。因此,工业生产中人们在不断寻求新的稳定的动力源。蒸汽机将蒸汽的能量转换为机械功,这早在古希腊就有了雏形。1698年,英国的萨弗里(Thomas Savery)制成了世界上第一台实用的蒸汽提水机。能够驱动独立水泵的蒸汽机在1705年由托马斯·纽科门(Thomas Newcomen)发明。1764年,英国的詹姆斯·瓦特(James Watt)发明了蒸汽发动机,这种发动机将冷凝器与汽缸壁分离,他于1769年申请并获得了英国专利。1775年,瓦特改良了当时已有的蒸汽发动机,使其效率大大提高,使得蒸汽发动机得以在纺织、采矿和运输等领域广泛应用。瓦特的发明不仅提高了工业生产效率,也为第一次工业革命奠定了基础,成为人类历史上的一个重要里程碑[5]。

机器的普及使得机器生产逐渐成为工业生产的主要形式,相较于传统的手工生产,机器生产便于管理,效率也更高。至此,工厂制的生产模式兴起,工厂逐渐替代家庭手工作坊,成为世界工业生产的主要组织形式。纺织业正是最好的例子,纺织工厂成为纺织业生产的主流。而蒸汽机的发明也为生产运输提供了稳定的动力,极大提升了工作效率。与此同时,美洲殖民地开发带来了丰富的原料和广阔的市场,国际贸易蓬勃发展。机器的盛行与广泛应用也促进了交通运输业的发展,生产效率的大幅提升带来了更大的工业原材料需求,促使人们对交通运输工具进行创新改造,进一步提升原材料运输速度。

1807年,美国富尔顿公司制造出蒸汽动力船,并通过下海试验成功进行检验。1814年,斯蒂芬·孙(George Stephenson)以蒸汽机为动力源发明了机车,即早期蒸汽机车,如图2.1(b)所示。1825年测试成功,火车从此诞生,交通运输业进入蒸汽驱动时代。18世纪,英国的工业生产逐渐转向为以机械工业生产为主,传统手工业为辅,英国也成为世界上第一个工业国。到了18世纪末,第一次工业革命逐渐扩展到了西欧和北美,传播至世界其他国家[6]。

(a) 珍妮纺织机   (b) 早期蒸汽机车

图2.1 珍妮纺织机和早期蒸汽机车

机械设备应用到社会生产是第一次工业革命带来的最大变革,蒸汽发动机的问世使得机器可以通过蒸汽驱动,从而推动了生产效率的提高和工业革命的爆发;经济发展和社会生产模式逐渐从农业和手工业驱动转变为工业和机械制造驱动[6]。新的政治力量登上政治舞台,促进了政治制度的发展和完善。

2.1.2 工业2.0——电气燃油时代

第二次工业革命也称为工业2.0,主要发生在19世纪末到20世纪初,其最显著的标志是电力的广泛应用[6]。在此期间,全球范围内,电力逐渐取代蒸汽动力,成为工业生产最重要的动力,极大地改变了依靠煤炭和水力的局面,使得工业生产更加便捷、高效。工业生产实现了大规模化、标准化和系列化,极大提高了生产效率和质量,催生了现代化的工业经济体系,工业生产进入量产时代[6]。

电力如何成为动力,被应用到机器上呢?电和磁是密切相关的物理现象,但是在早期物理学中并没有人对此进行研究,电磁学的真正发展始于18世纪末至19世纪初。电流的磁效应在1820年被汉斯·奥斯特(Hans Christian Ørsted)发现,之后人们才开始将电现象和磁现象作为一个整体进行研究[7]。电磁感应现象的发现始于1831年,当时英国物理学家迈克尔·法拉第(Michael Faraday)做了一个实验[装置如图2.2(a)所示],他发现当磁铁在闭合电路导体中水平运动时,下方的小磁针会突然跳动。这一现象表明导体内部或周围的磁场发生变化时,会在导体内部产生感应电动势和感应电流,这就是磁能转化为电势能的过程。根据电磁之间的转换关系,加上多年的研究积累,1866年,西门子在实验室制造出了发电机。19世纪70年代,可商用发电机正式问世,它的出现带来了电力新能源。工业2.0的主要特征是科学研究和工业生产的紧密结合[7]。

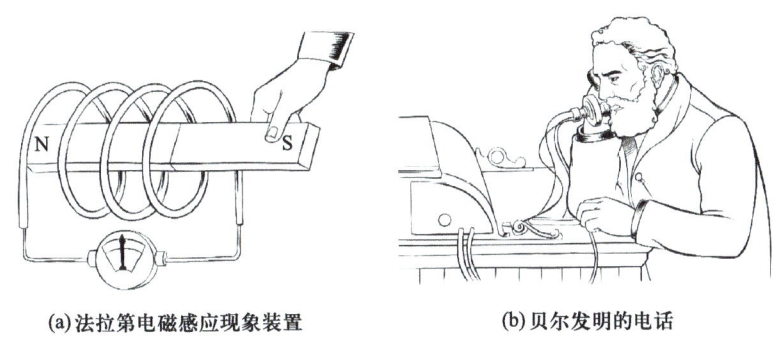

(a)法拉第电磁感应现象装置　　(b)贝尔发明的电话

图2.2　法拉第电磁感应现象装置和贝尔发明的电话

电能的广泛应用带来了电信技术。1836年,塞缪尔·莫尔斯(Samuel Finley Breese Morse)找到了一种新方法用于传输信息,这就是著名的莫尔斯码(Morse code):短促的点信号"·"和保持一定时间的长信号"—"。对这2个时通时断的信号代码进行不同的组合,规定表示相应的数字、字母和标点,如此一来,文字就转换为电信号①,可以通过电线进行传输。通过不断的尝试与实验,1838年1月,莫尔斯成功实现了在3英里(约4.8 km)内发送和接收电报。1840年4月,他获得了电报发明的专利[8]。

莫尔斯电报的发明,实现了文字信息通过电线进行远距离的传输,但是文字信息需要解

---

① 这其实是一种二进制符号法:在拍发电报时,电键将电路接通或断开,信息是以"点"和"划"的电码形式来传递的。发一个"点"需要0.1 s,发一"划"需要0.3 s。在这种情况下,电信号的状态只有两种:按键时有电流,不按键时无电流。有电流时称为传号,用数字"1"表示;无电流时叫空号,用数字"0"表示。一个"点"就用"1,0"来表示,一个"划"就用"1、1、1、0"来表示。莫尔斯电报将要传送的字母或数字用不同排列顺序的"点和划"来表示,这就是莫尔斯电码,也是电信史上最早的编码。

码，远不及声音信息直接沟通那样便捷。在电报发明几十年后，世界各国科学家都在研究如何用电流直接传送声音，其中包括美国发明家亚历山大·贝尔(Alexander Graham Bell)。贝尔在实验的过程中发现：当电流切断或者闭合时，线圈都会发出一种声响，类似于莫尔斯电码的"滴答"声。贝尔通过这个实验现象，提出了使用电流强度来模拟声音变化的设想，最终实现了声音的电流传输。1876年，贝尔为他的电话申请了专利，如图2.2(b)所示。1877年，第一份用电话发出的新闻电讯稿被发送到波士顿《世界报》，标志着电话为公众所采用[9]。

内燃机的发明对工业和交通运输领域产生了深远的影响，它极大地改善了人们的生活和工作方式，成为第二次工业革命的重要标志。内燃机的发明可以追溯到19世纪末，它不仅解决了汽车发动机的问题，还解决了机械能的来源问题，早期的内燃机汽车如图2.3所示。1876年，德国的工程师奥托(Nikolaus August Otto)发明了奥托循环器。根据这一原理，他率先开发了四冲程①往复活塞内燃机，这是第一台四马力等容燃烧的单缸卧式燃气发动机。该机体积小、结构紧凑，热效率可以达到14%。这种内燃机一经面世就得到了广泛推广，戈特利布·戴姆勒(Gottlieb Daimler)依据其原理发明了汽油发动机。内燃机技术在1894年发生了一次质的飞跃，超越同期蒸汽机获得了更高的机械效率，并带动了交通运输业的革命，推动了交通工具的发展，使得人们的出行更加快速和方便。

图2.3 早期的内燃机汽车

1883年，戴姆勒和威尔赫姆·迈巴赫(Wilhelm Maybach)合作研制出一种空冷的高速汽油发动机，提高了内燃机的压缩比，热效率提升到15.5%，并且在1897年热效率提升到了20%。这种发动机用白炽灯点火，装有迈巴赫发明的汽化器。由于改用汽油燃料，实现了内燃机的小型化和高速化，发动机的转速也从煤气发动机的200转/分钟提高到汽油发动机的900转/分钟左右，所以它很快被用于驱动车辆，早期的内燃机汽车就此面世[8]。

1897年鲁道夫·狄赛尔(Rudolf Diesel)改进汽油发动机，发明了柴油发动机。柴油发动机相较汽油发动机，结构更简单，燃料经济性更好，热效率更高，可以达到26%，输出功率更大。狄塞尔的柴油发动机成为内燃机发展史上又一个伟大的新起点，但是它比汽油发动机体积更大，需要更加耐高温高压的材料，因此更多应用于海上船舶以及机车等大型交通工具的发动机[8]。到了20世纪，奥托发动机与狄塞尔发动机，也就是汽油发动机和柴油发动机在世界范围内的交通运输以及工业生产等众多领域里得到了广泛应用[8]。

工业2.0期间，使用电力和天然气的发明纷纷涌现，并在许多地方蓬勃发展。工业2.0是电气化和自动化的时代，人们利用电力和发动机驱动的机器开展了大规模的社会生产活动，生产力的不平衡又催生了产业的分化。资本主义世界体系最终建立，世界联系更加紧密。

---

① 四冲程：吸气、压缩、做功、排气。

2.1.3 工业 3.0——电子信息时代

第三次工业革命即工业 3.0,始于 20 世纪 70 年代,并没有一个明确的结束时间,可以说一直持续到现在。工业革命的特点体现在信息化技术,这一时代的主要发明以及应用有计算机、核能以及空间技术[3]。

第二次世界大战结束后,世界产业悄然发生了变化。工业 3.0 阶段一个重要的标志性发明是原子能技术。原子能是通过改变原子核的质量而释放出来的能量,可通过核裂变、核聚变以及核衰变这三种核反应①方式释放出来。自 1945 年美国制造的原子弹在日本爆炸以来,核阴影笼罩着世界,超级大国之间的核竞赛对人类构成了巨大威胁[10]。

核能发电技术的实现是原子能技术发展过程中的一个里程碑,也揭开了核能应用的序幕。1954 年,苏联建造了奥布林斯克核电站,这也是世界上第一座核电站。经过推算,一座 100 万千瓦的火力发电厂每年燃烧约 330 万吨煤,而同样容量的核电站每年只需要使用 30 吨燃料,大大提高了能源的利用效率,节约了运输成本,减少了碳排放。

核能发电不仅仅只有益处,也存在巨大的核污染风险。1979 年,美国宾夕法尼亚州的三里岛核电站 2 号反应堆发生部分熔融,导致核反应堆失控,释放出大量放射性物质。1986 年,苏联乌克兰切尔诺贝利核电站 4 号反应堆发生爆炸和火灾,释放出大量放射性物质,造成大量人员伤亡和环境污染。除此之外,21 世纪的福岛核事故,也是日本历史上最为严重的核事故。日本东北部海域发生 9.0 级地震,继发生海啸,导致福岛第一核电站的多个反应堆冷却系统失效,引发核泄漏和放射性物质释放,事故等级达到国际评价机制的 7 级"重大事故"水平,核电站 1~4 号机组自此被废弃。至今这些核事故仍威胁全球生物的生存与生活。

除了原子能技术之外,在工业 3.0 期间,计算机技术的悄然问世极大地影响了世界的工业发展和社会生活。特别是可编程逻辑控制器(programmable logic controller,PLC)和个人计算机(personal computer,PC)的广泛应用。PLC 是一种专门针对工业生产环境下应用的电子操作系统,PC 则是适用于日常生活使用的多用途计算机。PLC 和 PC 的应用代表着电子信息技术广泛应用于工业生产和社会生活中,这大大提高了制造过程的自动化控制程度。这也代表机器不仅可以代替人力进行生产,还可以代替人脑进行计算。从此工业生产能力超过了人类的消费能力,进入了产能过剩的时代。

计算机技术、信息技术和广泛的数字化对第三次工业革命的数字革命产生了重大影响。数字技术实现了生产和服务的自动化。制造业从大规模生产发展到大规模定制。第三次工业革命带来了全球化——制造供应链不再仅仅是公司内部的垂直整合,而是全球范围内的虚拟整合。与前两次工业革命相比,这场革命使世界上更多的人受益。

1946 年,美国宾夕法尼亚大学的莫希利(John Mauchly)和埃克特(J.Presper Eckert)教授设计了世界上第一台数字计算机,并将此命名为电子数字积分计算机(electronic numerical integrator and computer,ENIAC)。ENIAC 是一台使用电子管进行计算的计算机,这使得它比传统的机械计算器快得多,因此可以完成一系列计算,包括解决数学方程、制作表格和图表、

---

① 核裂变也称为核分裂,指重型原子(如铀或钚)核,分裂成质量较轻的原子核的一种核反应形式;核聚变指较轻的原子在超高温和高压条件下发生聚合作用,合并成新的原子核的核反应形式;而核衰变就是代表原子核自身发生衰变,从而为体系提供能量的核反应形式。

进行模拟等,被广泛用于科学、军事和工程领域的研究和应用中。ENIAC 是现代计算机的开端,它奠定了电子计算机的基础,促进了计算机技术在接下来的几十年里迅速发展[11]。

第二次世界大战后,太空成为世界各国国家安全和军事斗争的制高点,各大强国围绕空间技术开展了激烈的角逐。1957 年 10 月 4 日,苏联用"卫星号"运载火箭将世界上第一颗人造地球卫星送入太空[12]。该卫星主要用于获取高层大气密度、无线电电离层传输等方面测量数据,在轨工作了 22 天,于 1958 年 1 月 4 日进入大气层烧毁。该卫星名为斯普特尼克一号(Sputnik 1),它的直径约为 58 cm,重量约为 83.6 kg,采用了无线电信号传输技术,并成功地进行了轨道运行和数据传输。这标志着人类首次在太空领域取得了重大的科学技术突破,同时也拉开了太空竞赛的序幕[12]。1957—1975 年间,美国与苏联在太空探索方面进行激烈的竞争,期间美国制定了多项计划和政策来加强自身在太空探索领域的实力,先后成立了国家航空航天局(National Aeronautics and Space Administration,NASA)、高级研究计划署①(Advanced Research Projects Agency,ARPA)、总统科学顾问委员会,通过了《国家防卫教育法案》,从科研、军事和教育诸多方面奋起直追,大力发展空间技术。1958 年 1 月 31 日,美国也成功地发射了人造地球卫星,并很快成为世界空间技术的领先者。1961—1966 年,短短 5 年间,美国共向外太空发射了 16 艘载人航天器。1965 年,美国向太空发射"双子星座"号载人飞船,紧随苏联②,实现了美国宇航员的首次太空行走。1966 年,"双子星座"号和"阿金纳"号两个航天器首次实现轨道会合和成功对接。1969 年,如图 2.4(a)所示,"阿波罗十一号"实现人类第一次登月任务。发射载人飞船飞向太空,是人类对外太空探索的开始,为人类开创了一个航空航天的新时代。

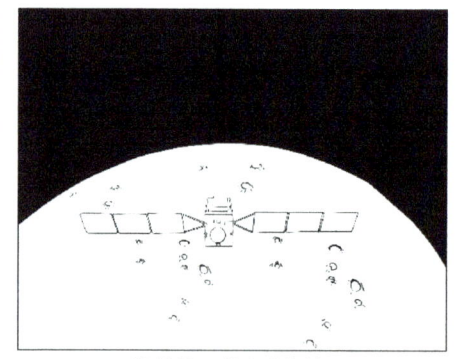

(a) 人类第一次登月　　　　　　　　(b) 嫦娥一号成功奔月

图 2.4　嫦娥一号成功奔月和人类第一次登月

中国航天空间技术的起步比较晚,1956 年,中华人民共和国航空工业委员会成立,标志着中国航天空间技术的探索正式开始。中国在 1956 年建立了第一个火箭发射基地,开始了航天技术的初步探索。在此阶段,中国主要开展了火箭试验和研制工作,成功发射了第一枚自主研制的火箭"东风一号"。20 世纪 70 年代末,中国开始了深入探索航天技术的阶段。

---

① 美国国防部高级研究计划署,全称 Advanced Research Projects Agency,简称 ARPA,1972 年改名为 Defense Advanced Research Projects Agency,简称 DARPA。

② 1965 年 3 月 18 日,苏联宇航员阿列克谢·列昂诺夫实现了离舱 12 分钟的太空行走,成为首位进行太空行走的宇航员。

在这一时期,中国成功研制了"两弹一星"核武器和卫星,包括发射了第一颗中国人造地球卫星"东方红一号"和第一颗通信卫星"东方红二号",开创了中国航天史的新纪元。随后,中国航天空间技术进入快速发展阶段,在1995年成功地进行了第一次载人航天任务,标志着中国航天技术实力的大幅提升。2007年,如图2.4(b)所示,嫦娥一号成功奔月,完成使命。在这一阶段,中国陆续开展了多项载人航天任务和卫星发射任务,并且逐步开始研发空间站和深空探测技术。从2015年开始,中国陆续实现了多项重大突破,包括成功发射了"嫦娥四号"着陆器和"玉兔二号"巡视器,成功实现了"天舟一号"货运飞船与"天宫二号"空间实验室的自主对接,并于2021年成功发射了首个火星探测器"天问一号",实现了中国在深空探测领域的技术跨越。1956年,中国航天事业从零开始,六十多年来一代代接力奋斗,实现了"祝融"探火、"羲和"逐日、"天和"遨游星辰、"神舟十三"出差归来……中国对于航天空间技术的探索和努力一直没有停止,走出了波澜壮阔、春华秋实的中国航天路。

2.1.4 工业4.0——智能绿色时代

利用信息化技术促进产业变革,社会的各行各业逐渐趋近于智能化。第四次工业革命也是数字化、网络化、智能化的制造业革命,是指通过数字技术和互联网技术将制造业转变为智能化、高效化和灵活化的生产方式。工业4.0以物联网、大数据、人工智能等为主要驱动力,智能制造、智慧城市等新模式不断涌现,其发展趋势更倾向于数字化技术的广泛应用,生产模式的灵活化和智能化,以及产业链的全球化整合[15]。最终,生物、物理和数字技术的融合将改变我们今天所熟悉的世界。

2008年,金融危机席卷全球,全球经济进入大调整、大变革和大转型的时代。人才、技术和市场领导力的国际竞争进一步加剧。金融危机使许多国家意识到,过去实施的"去工业化"战略是不明智的,过度金融化制造了大量的金融泡沫,加剧了经济结构的脆弱性。吸取经验教训后,从美国实施"再工业化"战略开始,一股再造制造业辉煌的浪潮迅速在世界各地掀起。到目前为止,这股浪潮不仅没有消退,而且影响范围越来越大,强度越来越强。全球工业发展进入新阶段,工业4.0战略应运而生。

工业4.0这个概念最先是2011年,在全球工业技术领域最重要的盛会——德国汉诺威工业博览会上,由德国提出的。德国政府将其纳入政府战略规划,于2013年4月率先推出有关保障制造业的提议。随着德国布局工业4.0后,世界各国政府为进一步争取世界制造业话语权,纷纷跟进布局。2013年9月,法国为推动国家核心产业回到工业化道路上,推出一份为期10年的"新工业法国"方案。2014年12月,美国为了推动更高效的工业生产,提出了"工业互联网"战略。俄罗斯在2017年提出"数字经济2024"。除了欧美各国以外,亚洲各国也在积极部署相关战略规划,韩国提出"制造业创新3.0战略行动计划",日本于2015年开展"工业价值链倡议",新加坡在2016年颁布"研究、创新和企业2020计划"。中国也于2015年出台《中国制造2025》战略计划,部署全面推进实施制造强国战略[16]。

《中国制造2025》是工业4.0的中国版,它标志着中国从劳动密集型生产向知识密集型制造的产业转型。2015年中国政府发布了《中国制造2025》战略计划,旨在提升制造业发展水平,推进制造强国建设。该计划的目标是到2025年,中国制造业整体水平进入全球制造业中高端水平，发展成为创新驱动型、绿色可持续发展型、服务价值型的高端制造业[17]。工业4.0和《中国制造2025》都将聚焦新一轮工业革命，从制造业数字化、物联网、智能制造等方面入手。工业4.0的核心是信息物理系统和动态价值创造网络的整合。《中国制造2025》除了"互联网+产业"行动计划外，整合现有产业，促进多元化和拓宽产业范围，增强区域合作，利用物联网实现制造无边界，创新产品，提升产品质量。《中国制造2025》战略的提出对于促进中国制造业升级，推动中国经济结构转型、走向国际化以及推进中国"互联网+"行动计划等方面都有着重要的意义。

2.2 能源发展变革

2.2.1 工业革命带来的能源变革

第一次工业革命以蒸汽机为标志，即通过水力和蒸汽机实现工厂机械化，用蒸汽动力驱动机器取代人力，从此手工业从农业分离出来，正式进化为工业[15]。工业1.0也称为"蒸汽时代"，煤炭作为这一时代的主要化学能源，将热能转化为机械能驱动蒸汽机工作，热效率可以达到20%甚至更高。煤炭是世界上分布最广阔且得到广泛应用的化石能资源，具有存量大、成本较低、便于运输等优点。但是，长时间煤炭开采利用会造成地表塌陷，引发水资源污染、大气污染、固体废弃物污染等诸多问题。平原地区长时间的地表塌陷会出现积水受淹，造成土壤盐渍化。另外开采过程中会大量用水，一方面废水排放对土地和地表植物具有很大的杀伤力，破坏植被、剥蚀地表土壤；另一方面煤炭开采需要大量的水资源用于采煤、洗煤等工艺过程，这会导致水源的过度开采和污染。采煤过程中释放的酸性废水、含有重金属和有机物的废水以及洗煤过程中产生的废水等，都会对周围水源造成严重污染。煤炭的燃烧会释放大量的有害气体，如二氧化硫、氮氧化物和颗粒物等，这些有害物质会直接排放到大气中，对环境和人类健康造成危害。

随着时代发展，内燃机逐渐取代蒸汽机，从此零部件生产与产品装配实现分工，工业进入大规模生产时代[15]。而与第二次工业革命相对应的能源2.0的主要能源也变为石油，石油的热值相比于煤炭要高很多，分别可以达到41.87 MJ/kg。相比于煤炭，石油的燃烧效率更高，燃烧后的残留物和废气排放量更少；石油的能量密度更高，使得石油在运输和储存方面更加方便，也使得石油更适合于发电、运输等高能耗领域；石油适用范围更广，除了能够被用作发电、供暖和运输等领域外，还广泛应用于工业、化工、医药、农业等领域[15]。虽然石油也存在着污染环境等方面的问题，但是和煤炭相比，二氧化硫污染减少。总体而言，石油热值更高，也相对更清洁高效。

自蒸汽机以及内燃机发明开始，世界工业化进程不断进步离不开对石油和煤炭的依赖，但过度的能源开采使得世界环境问题日益严重，全球变暖、能源短缺问题越来越严重。因此，世界各国开始关注清洁能源的利用，第三次工业革命期间的能源利用也逐渐转变为绿色化，而能源3.0也变化为清洁能源。清洁能源指的是不排放或排放极少的能源体系，不再单纯只包含几种能源类型,其产生的能量不会对环境产生污染或不良影响[19]。这一体系由可再生能源和核能组成,特点是环保、对环境污染程度小、对环境排放少、具备经济性。可再生能源指利用消耗还可以恢复再生的能源,比如风能、太阳能、水能、潮汐能等,它们都能转化为电能供应设备运转,并在消耗后基本不会产生污染物。核能同样属于清洁能源,但是能源释放需要消耗铀燃料(不可再生),因此核能不属于可再生能源。

随着现代信息技术和人工智能技术的快速发展,工业生产机器和社会生活设施日趋自动化、智能化。现代化的科学技术正在潜移默化地改变整个人类世界的运行方式,不管是工作生产还是日常生活,我们身边的设备信息都通过网络以及计算机互联互通。2009年,国际商业机器公司(International Business Machines Corporation,IBM)的团队提出了"智慧地球"①的构建理论,包括智慧能源、智慧电网、智慧城市、智慧交通等内容。通过互联网技术将万事万物普遍连接,形成"物联网",人工智能技术将工业生产以及社会生活的各个环节整合到一起,进而完成"智慧地球"的设想,这也是工业4.0的整体构架。因此新时代对于能源利用以及工业生产也存在新要求。能源4.0的能源代表也从清洁能源转向智慧能源。智慧能源的提出标志着智能时代的到来。智慧能源可以实现对能源的智能化管理和优化利用,从而降低能源消耗和污染,推动能源可持续发展;以及实现能源生产、传输、储存和消费的智能化管理和优化利用,提高能源的利用效率,降低能源消耗成本,从而更好地满足社会经济发展的需求和人民群众的生活需要[15]。图2.5系统展示了工业革命带来的能源变革。

2.2.2 世界能源份额演变

图2.6总结并预测了从1900年到2050年的世界能源各组分的变化[20],这段时间涵盖了我们在上一节讨论的从工业1.0到工业4.0时期,同时还对未来近三十年能源系统的变化进行了预测。目前,能源体系正在向低碳能源过渡,带来了全球能源系统的根本重组和重塑。

首先,在可再生能源的引领下,全球开始了从传统的碳氢化合物(石油、天然气和煤炭)向非化石燃料的重大转变,计划到21世纪40年代,非化石燃料占全球能源的大部分。这也就意味着未来30年,碳氢化合物在全球能源中的份额将减少一半以上。

第二,能源结构将会更加多样化。在历史的大部分时间里,全球能源系统往往由单一的能源主宰。20世纪上半叶,煤炭为世界提供了大部分能源。随着煤的重要性下降,石油成为主要的能源。快速能源转型意味着,未来20年,全球燃料结构将比以前更加多样化,石油、天然气、可再生能源和煤炭在一段时间内都将是能源消费的主流。

---

① 按照IBM的定义,"智慧地球"包括三个维度:第一,能够更透彻地感应和度量世界的本质和变化;第二,促进世界更全面地互联互通;第三,在上述基础上,所有事物、流程、运行方式都将实现更深入的智能化,企业因此获得更智能的洞察。智慧地球分成三个要素,即"3I":物联化、互联化、智能化(instrumentation,interconnectedness,intelligence),是指把新一代的IT、互联网技术充分运用到各行各业,把感应器嵌入、装备到全球的医院、电网、铁路、桥梁、隧道、公路、建筑、供水系统、大坝、油气管道,通过互联网形成"物联网";而后通过超级计算机和云计算,使得人类以更加精细、动态的方式工作和生活,从而在世界范围内提升"智慧水平",最终就是"互联网+物联网=智慧地球"。

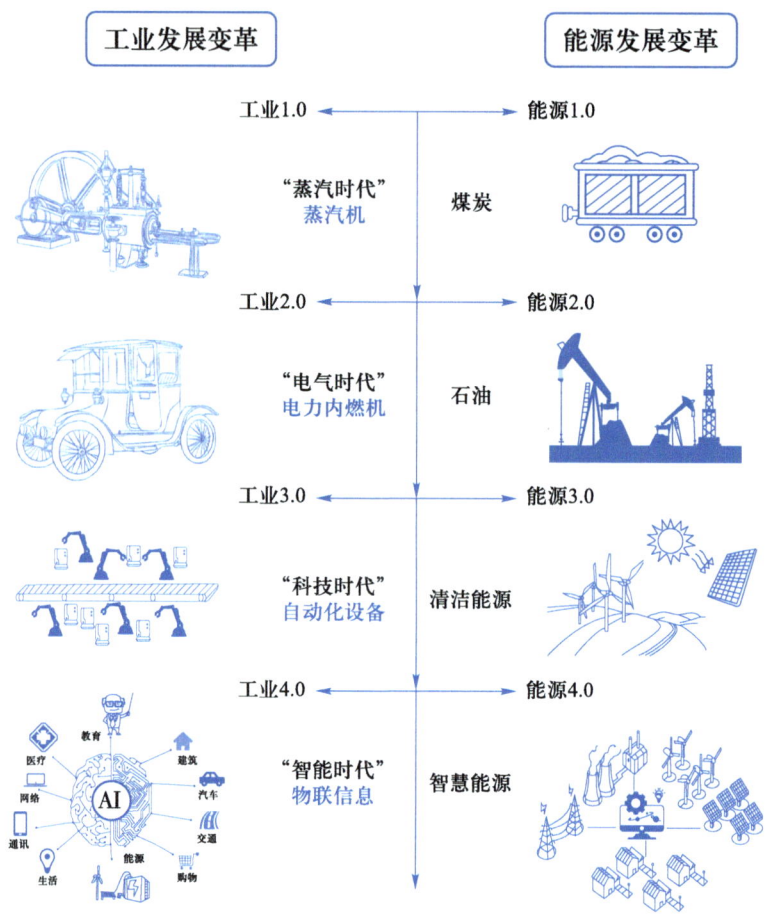

图 2.5　工业革命带来的能源变革

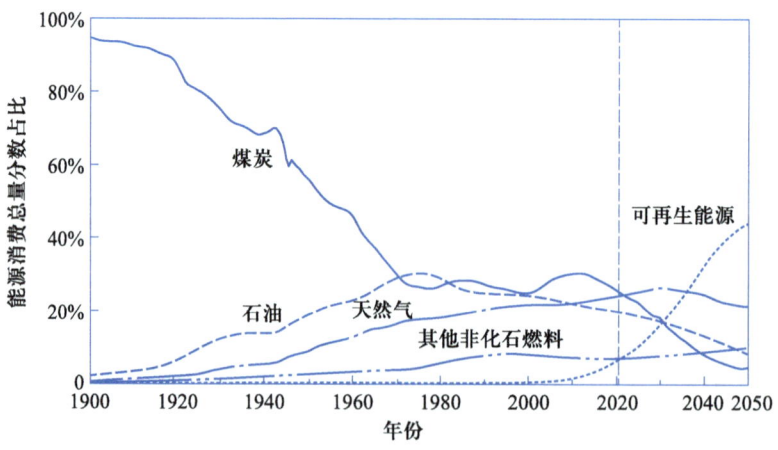

图 2.6　世界能源消费结构发展趋势[20]

燃料种类多,可获得性提升,意味着燃料组合越来越受客户选择的驱动,整合不同燃料和能源服务的需求也越来越大。燃料结构的日益多样化也将导致不同种类能源之间的竞争加剧,比如煤炭、石油和天然气消费量的峰值和随后的下降引发了个体燃料内部更大的竞争,因为资源所有者需要确保他们的能源资源被生产和消费。从价格刺激生产的角度看,国际原油价格优势是成就20世纪以来石油工业快速发展的原动力[19]。电能和氢能在能源使用的最终点上重要性越来越大,这进一步加剧了能源消费结构的分化和转型升级。目前这些能源的运输船比传统的碳氢化合物运输成本更高,能源市场会更加趋向本地化。

根据分析,可以看出能源消费结构清洁化、低碳化是世界能源体系发展的必然趋势。图2.6所展示的时间区间从第一次工业革命开始并延续到未来20年,根据整个能源系统的演变,我们可以将整个过程大致分为两个转化阶段:第一个阶段为由煤炭向石油、天然气的能源转化时期,第二个阶段则是石油、天然气向新能源的能源转化时期。蒸汽机器的大规模使用让煤炭成为工业发展早期最重要的能源。随着第二次工业革命内燃机的发明,工业生产实现了由煤炭到油气的能源转型。两个阶段以来,能源的能量密度在进一步提升,能源形态从固态转化为液态进而变为气态,能源品质从高碳逐渐转变为低碳。近些年,具有清洁化、低碳化特点的氢能、水能、风能、太阳能等可再生能源所占据的市场份额持续提升。第一次工业革命主要推动了蒸汽机的发展和应用,这种新型动力源可以代替人力和畜力,推动了工业化进程,带来了对煤炭等化石燃料的巨大需求,从而催生了现代煤炭工业的发展;第二次工业革命推动了电力以及燃油的发展和应用,加快了工业化和城市化进程,从而催生了现代石油工业的发展;第三次工业革命则是以可再生能源技术作为主要能源应用,这些新型能源技术可以替代传统的化石燃料,提高能源利用效率和环境保护水平;第四次工业革命带来的能源转型主要体现在清洁能源、智慧能源、分布式能源和能源储存技术的发展和应用,这些变革推动了能源产业的升级和转型,促进了能源的可持续发展和高效利用[20]。

2.2.3 能源4.0

能源是指能够转换为某种形式的有用能量的物质或物理量,是现代社会发展和生存的基础资源之一[19]。人类社会在生产、生活、交通和各种科技活动中都需要能源,人类文明发展史同时也是一部人类能源利用史,在第1节介绍了从工业1.0到工业4.0的发展变革,每个时期的工业革命都对应着特定的能源革命,工业革命与能源变革之间相互促进,相互影响。每次能源转型都是人类能源利用史发展进步的里程碑。第一次能源变革是以煤炭为主要能源,这是由于第一次工业革命期间,蒸汽机的广泛利用促使煤炭被大规模需求所导致的;内燃机和发电机的发明使得第二次能源变革中能源从煤炭向石油进行转型;第三次能源革命迈入了以太阳能、风能、生物质能、潮汐能等新能源的大量使用为基础,实现人类社会新能源使用的清洁化、低碳化为主要特征的能源时代;而最近提出的第四次能源变革是以新能源和智能能源系统为主要发展方向的时期。随着环保意识的提高和新能源技术的发展,新能源逐渐成为重要的能源选择。同时,智能能源系统也开始发展,如智能电网、智能家居等。第四次能源革命的目标是建立可持续、清洁、高效、安全的能源体系,实现能源的绿色转型和智能化升级[21]。

简单来说,能源4.0是建立在互联网技术上的第四次能源革命,其核心是产业能源互联网。它颠覆了传统能源发展模式,实现了多能源协同发展——将传统电网发电侧服从于用电侧的结构,转变成了用电侧服从于发电侧的结构,提升了电网的发电效率;功能升级,通过变负荷生产,将高耗能产业转变为智能产业,从而实现电网的"零"成本深度调节。

能源 4.0 利用多种能源资源,通过智能化的能源管理系统进行优化调度,实现不同能源之间的协同工作,建立智能化的多能源协同发电(供电)系统[22],如图 2.7 所示。这种能源系统可以将太阳能、风能、水能、生物质能、燃气能、核能等多种能源资源进行有机结合,相互补充,最终实现全天候、稳定、高效的能源供应。在这种系统中,可以充分利用各种能源源头,而不是只依赖一种能源,从而减少对单一能源的过度依赖,提高了能源供应的安全性和可持续性。电网本身,则通过互联网信息技术和大数据云计算实现"刚性"电网向"柔性"电网转变,灵活、精准匹配供电和用电,大幅度提高能源的利用率;最终,将三者在互联网这个平台上进行深度融合、集成创新,构建具有自调节功能的智能化、多能源协同、供电用电平衡系统(能源 4.0)。

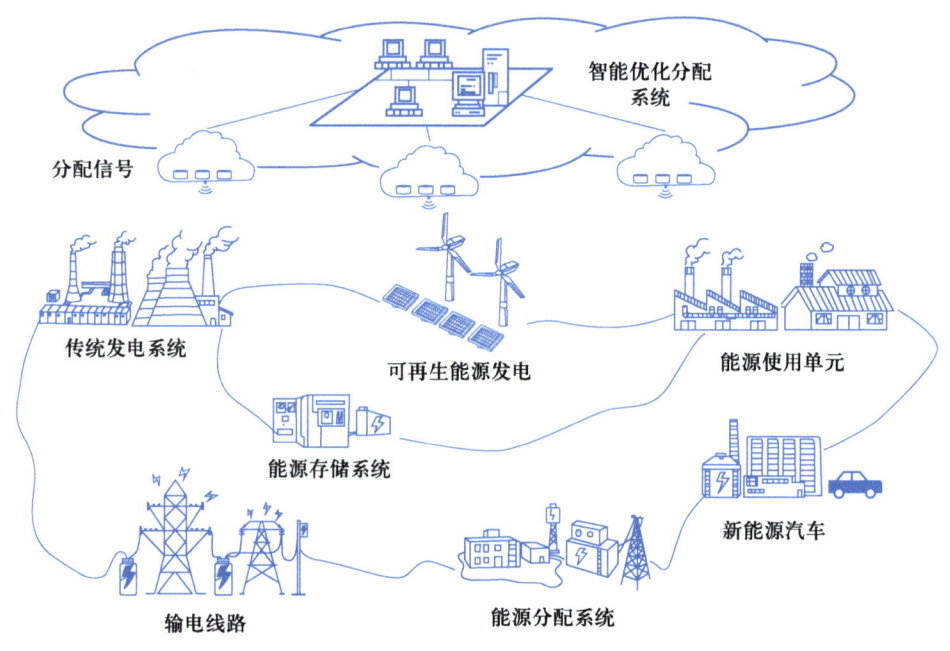

图 2.7 多能源协同发电(供电)系统

在工业化进程中,如果忽视能源变革,仍以传统能源或传统能源发展方式驱动工业化,会带来大量的碳排放,对资源、环境造成负影响。以清洁、无碳、智能、高效为核心的"新能源"+"智能源"能源体系是本次能源转型的发展方向与目标。能源 4.0 构建的产业能源互联网,可为工业 4.0 提供清洁的智慧能源和清洁的加工材料:一方面,智慧能源从能源管理上改变单能利用对一类资源的过度依赖,从而跳出区域能源分布不均衡的局限,多能源既相对独立,又相互协同,使得国家和地区可以调配多种能源,达成产销平衡、稳定供电,实现能源自给自足,有效保障能源消费需求,提高区域能源安全。另一方面,能源 4.0 为工业 4.0 提供清洁原材料,通过生产清洁产品,减少生产过程中的污染物和温室气体排放,实现动态平衡生产,消除以传统能源可能带来的负面影响[22]。

2.3 能源互联网与智慧能源

目前,太阳能、风能、生物质能、潮汐能等清洁能源广泛使用,世界各国针对清洁能源的研究发展日趋成熟。新一阶段,能源的发展也在互联网技术上逐渐转向多能源协同发展,将高耗能产业转变为智能产业。针对变化的能源体系,智慧能源也提出了分布式能源的概念①——分布式能源是指分散在地理空间上的、由小型能源系统或设备组成的、可以分布式地进行能量生产、转换、储存和使用的能源系统。相较于集中式能源系统,分布式能源灵活性高、部署便捷、供电可靠性高、环保、低碳等。它可以通过太阳能光伏、风力发电、生物质能、地热能、微水电等多种能源形式进行收集和利用。此外,分布式能源还可以通过储能技术,将能源储存起来,以便在需要的时候进行使用[23]。

2.3.1 能源互联网

能源互联网最早由美国学者杰里米·里夫金(Jeremy Rifkin)提出②,指运用最新的互联网技术以及电力信息技术,把分布式发电系统和小型储能系统连接起来,接入电网等能源网络,实现不同地点不同类型能源的互联共享,从而进一步深化能源管理,全面实现跨区域能源互联互通和精准调控。

能源互联网是对之前分布式能源的系统深化,也是本次能源4.0革命最关键的组成部分,是能源产业发展的新形态。人们将先进的信息技术、人工智能技术与工业生产不断完善的电力电子技术和能量管理技术结合起来,对大量的微电网(可再生能源)进行互联互通,通过数据采集和处理,实现对能源系统的实时监控、预测和调度③,提高能源的供给效率和能源利用效率。同时,能源互联网还可以促进可再生能源的开发和利用,实现可持续发展。能源互联网利用信息技术、物联网技术、大数据技术等现代技术手段构建一个双向流动的能量对等交换与共享网络。

目前,中国也将能源互联网列为未来能源发展的重点领域之一。为了进一步促进能源产业与现代信息技术的融合,我国颁布了多个政策来支持能源互联网的建设。《关于推进"互联网+"智慧能源发展的指导意见》提出了建设能源互联网的总体目标、发展路径和关键技术等,同时提出了政策和市场的支持措施。2016年12月,国家在《"十三五"国家战略性新兴产业发展规划》提出了未来十年中国能源互联网建设的重点任务和目标,包括能源

---

① 国际分布式能源联盟WADE对分布式能源定义为:安装在用户端的高效冷/热电联供系统,系统能够在消费地点(或附近)发电,高效利用发电产生的废能生产热和电;现场端可再生能源系统包括利用现场废气、废热以及多余压差来发电的能源循环利用系统。
② "基于可再生能源的、分布式、开放共享的网络,即能源互联网"。
③ 例如在能源开采、配送和利用上从传统的集中式转变为智能化的分散式"就地收集、就地存储、就地使用",实时匹配供需信息,整合分散需求,形成能源交易和需求响应,实现能源资产的全生命周期管理。

信息化、能源转型升级、能源市场建设等[22]。《中共中央国务院关于进一步深化电力体制改革的若干意见》提出了建设全球领先的现代化电力体系的目标,包括实现电力市场化、促进清洁能源消纳、推进电网技术升级。除了政策支持外,中国还加大了在能源互联网领域的投资力度,建设了一批能源互联网示范项目。例如,山东能源互联网项目,该项目采用了新能源、智能电网、储能等技术,实现了能源的高效利用和调度,成为中国能源互联网建设的重要标志之一。除了国家出台的政策要支持以外,截止到 2022 年 3 月,已有 31 个省(自治区、直辖市)在相关政策意见中提及推动能源互联网发展。

物联网技术在能源互联网发展应用过程中起到了非常关键的作用。传感器 / 感应器被嵌入和装备到电网、建筑、交通运输等各种物体中,将人类社会与能源系统紧密联系在一起,实现物联网与互联网的有机整合。1999 年,英国工程师凯文·艾什顿(Kevin Ashton)首次提出了物联网①的概念。物联网的发展涉及基础设施、通信、接口、协议、标准等诸多方面,系统通过射频识别(radio frequency identification,RFID)技术、传感器技术进行自动识别,采集到外界环境或物体的物理信号,然后将这些信息传输汇总到信息中心,利用云计算、数据挖掘等对其进行分析处理,实现对物理世界的认知和智能化的决策控制。

物联网的架构从面向服务的角度可分为传感 / 感知层、传输层、网络层和应用 / 接口层四部分②。感知层是物联网的最底层,包括物理设备和传感器。这些设备和传感器负责收集、处理和传输各种环境参数数据,例如温度、湿度、光线、压力等。感知层的设备和传感器具有一定的计算和存储能力,能够进行初步的数据处理和分析。传输层负责将感知层采集到的数据传输到网络层进行处理和管理。传输层一般使用无线通信技术,例如 Wi-Fi、蓝牙、NFC 等,也可以使用有线技术,例如以太网、RS485 等[23]。它能够聚合来自现有基础设施包括各种异构网络、私有网络的数据,并将数据传输到高级复杂服务的网络单元。网络层是信息处理中心,负责将传输层传输过来的数据进行处理、存储和管理。网络层采用云计算技术,例如云服务器、云存储等,对数据进行大规模的处理和分析,并将数据交付给应用层[23]。应用层是物联网的最高层,负责将处理和分析后的数据转化为可视化的图像、报表等,方便用户进行分析和应用。应用层包括各种应用软件和平台,例如智能家居、智能交通、智能医疗等。

2.3.2 智慧能源

气候变化、环境污染、能源危机和呼吸道传染病的暴发促使全球不断调整对能源的使用。为实现全球碳中和目标,解决能源利用与环境污染的矛盾,各国都在积极研究利用信息技术实现多种能源的综合利用。能源系统与人工智能的高度结合,能够提高能源系统的智能化水平和效率,实现能源的智能化管理和优化,提高能源效率和降低能源成本,促进能源转型和可持续发展。

在这种情况下,人们提出了智慧能源(smarter energy)的概念:智慧能源是指通过利用现代化的信息技术手段,对能源的生产、传输、储存、消费等方面进行智能化管理和优化。这包括了科技创新以及制度革新两个方面,改造传统能源以及发现利用新能源,实现能源与人

---

① 凯文·艾什顿将物联网称为具有射频识别(RFID)技术的可交互操作连接对象。

② 从工业系统的角度,物联网可分为物理层、通信层和应用层三层。从云计算的角度,物联网可分为设备层,网关层和云服务层三层。

工智能技术的创新融合；收集和分析大量数据，深入了解能源的生产、传输、储存和消费等方面，为能源的管理和决策提供支持；应用人工智能、大数据、物联网等现代化技术手段，实现对能源的智能化管理和优化，提高能源利用效率和供应质量，从而实现能源高效、安全、环保和可持续的供应[25]。

智慧能源有以下特点：它不像能源互联网技术一样只属于能源产业，而是能源互联网和信息化产业的复合体；它不局限于目前已有能源的利用，更倾向于新型能源的开发；同时它将能源生产、能源消费、能源管理、能源服务的等产业全部整合在一起，提升能源利用效率，改善环境资源；它不提供通用的能源解决方案，而是以问题为导向，针对具体的实际问题，结合多种能源的特点，从整体上采用智能化手段进行优化设计、输配、调试、运营和服务，以达到高效、节能、清洁的目的。

也就是说，智慧能源不是对传统能源和新能源的简单替代，而是对它们的深度改造、协调整合和高效利用。智慧能源是一个系统化的概念，涵盖了能源的各个方面，包括能源的生产、传输、储存、消费和管理等环节，需要多方面的技术手段来实现。智慧能源将新能源和传统能源有机整合起来，实现能源的高效利用、安全可靠、清洁低碳，通过能源互联网、智能电网等技术手段，能够实现新能源和传统能源的互联互通，实现能源资源的优化配置，从而实现能源的最大化利用和优化消费[26]。智慧能源和传统能源网络的区别主要可以从多能源关系、需求关系、配电网、运营模式、信息等方面进行阐述[18]。

第一点，传统能源网络往往是单一的电力网络或热力网络独自运行，智慧能源更注重多能源协同和能源之间的互动。第二点，由于传统能源网络的负载是刚性的，用户只能被动接受，而智慧能源的负载是弹性可变的，用户也可以是生产者，与之交互，所以用户在两者中所处的地位和需求关系有着很大的不同。第三点，两者在电力系统的应用上有区别，传统能源网络的配电网是单向接受主干电网电力的交流电网①，智慧能源则是有源化、局域化、协同化、市场化、智能化配电网构成的交直流柔性电网。第四点，运营模式上，传统能源网络是单向消费，而智慧能源可以双向交互。这意味着在未来，用户不再是单方面地向供电或供热公司交费使用，还可以利用自己存储的能量向外界反向供应。第五点，不同于传统能源网络的简单决策，随着信息技术的完善，智慧能源更多采用大数据和云计算技术进行实时、复杂的信息处理控制。

智慧能源的发展离不开能源互联网技术，它们相互联系、相互影响。能源互联网是指通过互联网技术和能源技术的融合，将分散的、多样化的能源资源进行整合、优化配置和高效利用，实现能源的高效、清洁、安全和可持续发展。智慧能源则是能源互联网的核心，通过智能化技术和人工智能技术的应用，将能源生产、传输、储存、消费等环节进行全面优化和管理，从而实现能源的高效利用和节能减排。因此，智慧能源是能源互联网实现的基础和关键，能够为能源互联网提供智能化、高效化、安全化的支持和保障，从而推动能源领域的转型升级和可持续发展[27]。智慧能源是互联网思维对传统能源行业的重塑，能源需要加入互联网思维，还要加入创新，形成"互联网＋互联网思维＋创新＋传统能源行业"的模式，实现能源与现代人工智能技术的创新融合实践。

---

① 交流特高压代表了传统电网技术的最高水平。

传统的能源网络体系一般包括生产、产品输送、分配以及用户四个环节,这四个环节之间的结构关系是线性的、串联的。智慧能源借助现代通信技术和人工智能技术对传统的能源结构体系进行了系统改善,包括能源生产输送系统、先进储能系统、智能终端系统和能源服务系统。这些系统之间也不再是串联式结构,而是相互影响、多元互动的结构。下面主要介绍结构方面4个并列的核心系统。按照内容,智慧能源的网络体系还可分为8个子网络,包括智能的石油气体网络、电力网络、水务网络、热力网络、建筑网络、交通网络、工业网络和交互架构管理网络。我们会在后面章节中,再对智慧电力、交通、工业、建筑的相关概念和应用进行全面的介绍。

智慧能源的创新,带来了能源网络结构变化:由传统的串联结构到多元互动结构,如图2.8所示[18]。

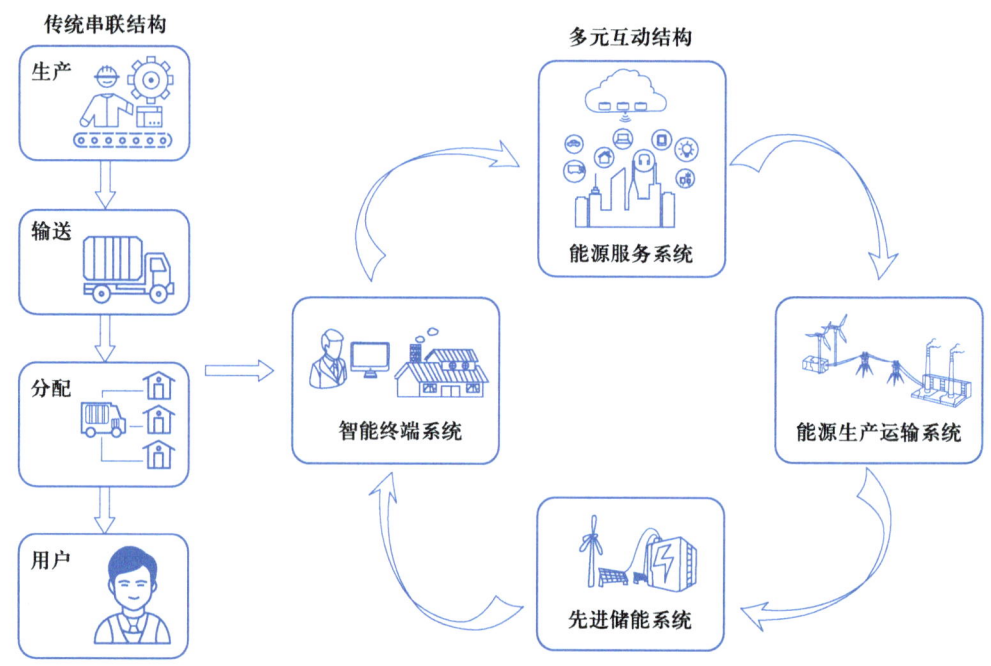

图 2.8　能源网络结构变化:由传统串联结构到多元互动结构

智慧能源多元互动结构中,能源生产运输系统经常采用智能集中分层式系统,是多个自治系统互联而成的"系统的系统"。该系统是能源利用与体系转化的基石,具有自治性、协同性、层次性、进化性和阶段稳定性等特征;可以推动能源体系的相互联系以及安全协同;促进能源体系由单一架构向综合协同结构的转化;促进能源设备向低能耗材料的转变;促进能源系统设备由机械化、自动化向智能化、绿色化、网络化的设备集群发展;实现能源的智能调度,合理分配不同能源类型的使用比例,优化能源结构,提高能源利用效率,降低能源的成本。

先进储能系统是将其他系统传输而来的电能和其他形式的能量通过能量分配直接或间接存储到能源储存系统中,能源的存储具有可控制性、可操作性以及可观察性的特点。图2.9展示了智能的先进储能系统,它不再是单一的能量流入,而是能量的双向或多向传输。也就是说,不同于传统能源系统的集中化控制,整个系统各方转化的能量不仅可以存储到储能系统中,还可以反向供能给需求较高的负载单元,先进储能系统的控制是扁平化、分散式、智能化的控制。这样,合理的控制能够实现清洁能源转化的高效利用。智能化的先进储能系统是智慧能源体系的基石,它将会在满足社会生产和生活的需求之余,成为社会重要的基本储备。目前全球范围内已经有很多国家在推动建立太阳能、风电等新型发电储能系统。

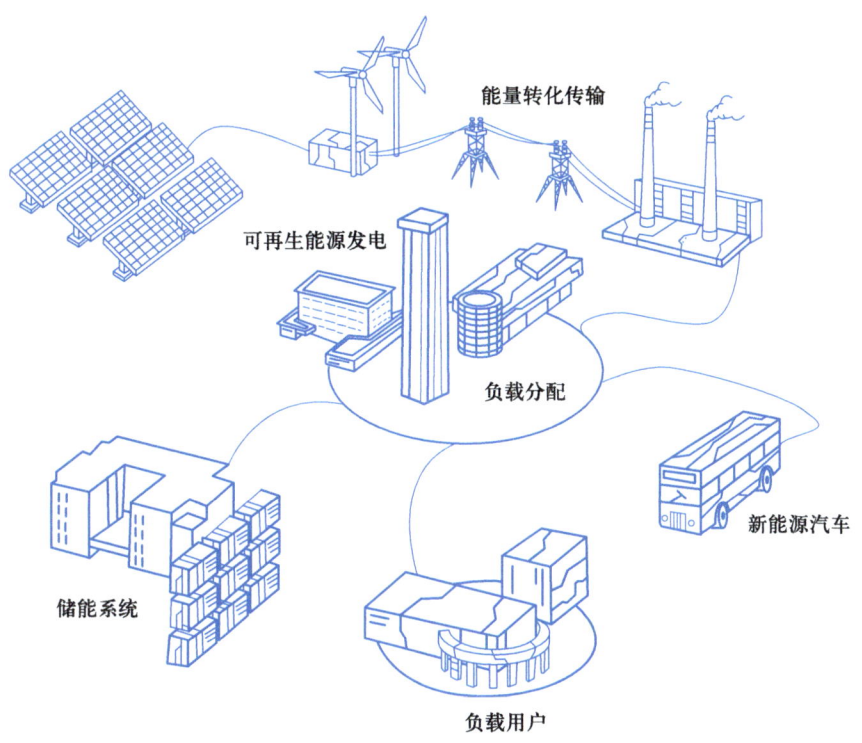

图 2.9　智能的先进储能系统

智能终端能源系统是智慧能源体系中非常具有特色的一环,其目标不是孤立能源系统的简单回归。它可以实现能源数据分析、能源运营监测、节能运营指挥和设备巡检等功能,从而协调运行,保障能源利用最优。这种高效管理和智能控制是通过通信技术与能源系统的集成实现的,采用了人工智能技术构造,与集中分层式能源生产和输送网络系统有机结合,随时灵活连接和智能断开,提高了能量的利用率,能够高效便捷地服务智慧能源网络,实现能源系统更高效地运行。

能源服务系统负责智慧能源体系中 4 个不同能源系统之间的信息协调,通过采用现代信息技术、物联网技术、大数据技术等手段,对能源生产、传输、储存和使用等各个环节进行实时监测、数据分析和优化调度,提高能源利用效率和能源供应可靠性。能源服务系统主要包括能源智能监控系统、能源分析评估系统、能源管理信息系统、能源决策支持系统等模块,可以实现能源数据采集、处理、储存、分析、展示和决策等功能,为能源管理和能源决策提供科学的依据和有效的支持,是智慧能源体系的重要组成部分[18]。

智能的生产运输、先进储能、智能终端和能源服务四个子系统之间多元互动,构建了智慧能源体系结构。四个系统相辅相成,共同促进环境资源的改善以及能源利用效率提升,推进能源产业智能化、绿色化发展。

2.3.3 人工智能在智慧能源系统应用

人工智能,尤其是深度学习,在优化智能能源系统的应用中展现了强大作用。深度学习的特点之一是对于处理数据量大的目标具有非常大的优势,所以提高深度学习的计算效率对于能源系统应用非常重要。在深度学习应用过程中,随机梯度下降(stochastic gradient descent)方法是一种常用于优化的算法,它是一种迭代的方法,通过不断地迭代来寻找目标函数的最小值或最大值。其更新过程表达式为

$$\theta_{t+1} = \theta_t - \alpha \nabla f_i(\theta_t) \tag{2.1}$$

式子中的 θ_t 表示第 t 次迭代后的模型参数,α 是学习率,$\nabla f_i(\theta_t)$ 表示损失函数对第 i 个样本的梯度。在实际应用中,梯度下降算法的学习率需要根据具体的问题进行调整,如果学习率过大,则可能会导致算法无法收敛;如果学习率过小,则算法收敛速度会较慢。因此,为了解决相关问题,提出 Adam(adaptive moment estimation)优化算法,可以通过维护一个动态更新的学习率来解决学习率的问题,从而高效地更新神经网络的参数,特别适用于大规模数据和高维参数空间的情况。其更新过程可以概括如下:

$$m_t = \beta_1 m_{t-1} + (1-\beta_1)\nabla f(\theta_t) \tag{2.2}$$

$$v_t = \beta_2 v_{t-1} + (1-\beta_2)\left[\nabla f(\theta_t)\right]^2 \tag{2.3}$$

$$\theta_{t+1} = \theta_t - \frac{\alpha \hat{m}_t}{\sqrt{\hat{v}_t}+\varepsilon} \tag{2.4}$$

式(2.2)表示计算参数动量估计的过程,式(2.3)表示计算梯度平方的指数加权移动平均值的过程,$\nabla f(\theta_t)$ 表示网络在第 t 次迭代步骤中的梯度,β_1 和 β_2 是指数加权移动的平均衰减率。式(2.3)为参数更新过程表达式,式中的 θ_t 表示第 t 次迭代后的模型参数,α 是初始学习率,ε 为防止分母为零的平滑项。

此外,基于数学规划的确定性优化也广泛应用于能源系统设计和操作问题中。通常,这种优化方法构建了针对能源部门问题的数学模型,通过在一组不等式约束下调整决策变量的值来最小化或最大化目标函数。在智慧能源系统优化中,已经有很多研究所以及企业进行研究与产业建设。

在爱尔兰都柏林,微软建造了一个大型的云计算数据中心,为全球用户提供云计算和在线服务。为了提高能源效率和可持续性,该数据中心采用了智慧储能系统来储存来自太阳能电池板和风力涡轮机的电能。该智慧储能系统使用的技术包括电池和储热系统。当太阳能电池板和风力涡轮机产生电能时,这些电能将被储存在电池和储热系统中,以供随后的使用。在能源需求达到峰值时,系统可以为设施提供能源,帮助实现能源的自给自足。该系统可以将可再生能源储存下来,避免了天气变化等因素导致的能源供应不稳定的问题。此外,智慧储能系统还可以实现对能源更加精确的管理和分配,提高能源的利用效率。值得一提的是,微软并不是唯一一个在数据中心中采用智慧储能系统的科技公司。其他科技巨头如苹果、亚马逊和谷歌等也在他们的数据中心中采用了类似的技术,以提高能源效率和可持续性,减少对传统能源的依赖。

在德国斯图加特,新的 IBM 办公楼上开发应用了一套智慧能源系统,旨在实现对能源

消耗的实时监测和控制,以及对未来能源需求的预测和优化。该系统使用了多种传感器和测量设备,可以实时监测建筑内各个区域的温度、湿度、照度、CO_2 浓度等信息,同时还可以通过智能电表监测电能消耗情况。这些数据被收集并发送到云端,经过人工智能算法的分析和处理,生成实时的能源消耗状况和未来能源需求预测。基于这些数据和预测结果,该系统可以自动调节各个设备的运行状态和能源使用量,以实现对能源的高效管理和优化。例如,系统可以自动控制空调、灯光、电梯等设备的开关,根据人员数量和活动情况,以及外界温度、天气等因素进行智能调整,以达到最佳的能源利用效率。

2.4 本章小结

本章主要阐述了能源体系随工业革命的变革而不断发展的过程,四次工业革命促进了全球范围的社会进步、经济发展和能源变革。自 18 世纪 60 年代开始,世界工业体系摆脱了传统手工业的形态,历经第一次工业革命的蒸汽机械化、第二次工业革命的电气化和第三次工业革命的信息化,最终发展成了网络智能化的工业体系。工业技术的进步也直接促进了能源体系的变革,世界能源的主体从最原始的木材、煤炭过渡为石油、天然气,在未来将转化为太阳能等绿色能源。能源系统也将进一步与网络信息技术深度融合,进入能源 4.0 时代,更趋于清洁化和智能化。

本章还介绍了能源互联网和智慧能源的相关概念、主要技术应用以及它们之间的相互关系。能源 4.0 是建立在互联网技术上的第四次能源革命,其中能源互联网是本次能源革命关键的组成部分。随着工业技术的网络化发展越来越成熟,互联网等新型技术的兴起为能源体系的完善提供了发展便利和技术支持。能源互联网将先进的信息科学技术和人工智能技术与工业生产不断完善的电力电子技术和能量管理技术结合起来,实现大量微电网的互联互通,从而构建了一个能量交换与共享网络。智慧能源通过智能化技术和人工智能技术的应用,将能源生产、传输、储存、消费等环节进行全面优化和管理;不仅包括目前已有能源的利用,更倾向于新型能源的开发;它将能源生产、能源消费、能源管理、能源服务等产业全部整合在一起,能够提升能源利用效率,大大改善环境资源。因此,能源系统与人工智能的高度结合,能够提高能源系统的智能化水平和效率,实现能源的智能化管理和优化,提高能源效率和降低能源成本,以此促进能源转型和可持续发展。

习题

1. 简述工业革命四个阶段的特点以及标志性发明应用。
2. 简述工业革命发展过程带来的能源变革。
3. 简述智慧能源以及能源互联网之间的关系。

4. 物联网技术的架构包括哪些？简述它们各自的作用。
5. 智慧能源与传统物联网主要存在哪些区别？
6. 智慧能源网络含义是什么？简述其包括的核心系统以及子网络。

习题参考答案　　　　本章参考文献

第3章 交通运输与人工智能

3.1 绪论

　　自古以来,交通运输方式的每次变革都会极大改善人类的生产和生活方式,促进人类社会的快速发展。人类早期依靠人力推车、畜力牛车马车、水力帆船等方式实现物品及货物的运输。直到19世纪60年代,第一次工业革命中人们改良了蒸汽机,蒸汽动力系统在火车、轮船等交通工具中广泛应用,成为世界交通史的一个重要的里程碑。20世纪50年代,第二次工业革命爆发,电动机、内燃机、柴油机作为主要驱动力,在远洋轮船、飞机、火车、汽车中得到广泛应用。这造成了交通方式的巨大变革,使得人类文明与科技发展速度大大加快,全球联系更加紧密。20世纪70年代后,电子信息技术的飞速发展成为第三次工业革命标志性的成果,特别是快速发展的计算机技术,促使汽车、火车、轮船、飞机等主要交通工具变得更安全、更智能、更节能、更环保、更舒适。2013年德国首次提出工业4.0的概念至今,第四次工业革命逐渐成为全球各国新的发展方向,人工智能、大数据、物联网、互联网+、云计算等新兴技术已广泛应用于新材料、生物医药、航空航天等各行各业,特别是对交通运输领域的变革起到重要作用。因此,运输方式也从传统单一化运行转变为多元化协同运作,形成了更为复杂的交通管理模式以及交通运输网络。

　　随着交通工具和交通方式的日新月异,人们的日常出行变得更为便捷,交通领域的发展,大大缩短了人与人之间的距离,增进了国与国之间的联系,提高了人类工作的效率。但是,现有交通工具主要依赖化石能源,日益频繁的交通运输也带来了严重的环境问题。例如,交通工具排放出了大量有毒有害气体、CO_2等温室气体,破坏地球生态、伤害人体健康。同时,现代交通工具需求和产量增长到新的高度,造成全球石油等化石燃料的过度开采及使用,加剧了能源的短缺。随着城市化建设和发展的加快,特别是一线城市虹吸效应显著,城市总人口急剧增长,汽车销售量及保有量快速扩增,造成了城市道路容量激增和路网严重超载。加之现有路网建设与城市发展速度不匹配,一般处于较低密度网络、较大干道间距、支路相对短缺、功能混乱的低水平状态,难以满足汽车交通的需求。此外,全国城市每年汽车保有量快速增加，特别是一线城市上下班用车高峰期经常发生道路拥挤、严重堵车等城市路网严重超载的情况。而且我国多数一二线城市中公共汽车、地铁在居民出行使用的交通结构中长期低于10%，随着私家车越来越多，选择公共交通的比例日趋萎缩，进一步加剧城市道路交通的拥挤。我国城市交通规划和管理缺乏统一科学的机制，现代化、信息化、自动化、智能化的路网，道路设施设备，交通管理系统的改造迫在眉睫。

要满足城市经济发展和人民高水平通勤出行的需求，必须实现城市交通的现代化[1]。首先要"以人为本"，扩大全民交通安全教育和宣传，提高社会各阶层交通安全的意识和素养；同时规范城市交通基础设施建设和管理，合理规划机动车、电动车、自行车、行人的道路，增设汽车、电动车、自行车停车设施，注重各类人群出行需求。其次要加快城市公共交通建设，提高公共交通服务水平，采用一定的优惠政策鼓励群众选择公共出行的方式，调整公共出行结构，达到缓解城市交通压力、节能减排的目的。第三要加强交通智能化建设和管理，通过全天候道路监控，交通信号灯、路灯的控制，建立高科技水平的智能交通管理系统，合理地组织交通，保障道路高效稳定运行，妥善解决交通拥堵问题。要引导民众绿色出行，制定相关法律法规，严格治理高能耗车辆，倡导使用清洁能源车辆出行，提升城市交通服务品质。

在城市建设不断加快的同时，交通拥堵、系统管理效率低等问题也日益严重。人工智能技术作为21世纪三大尖端技术的组成部分，为解决交通运输问题提供了新的技术支持。人工智能应用到交通系统中形成了智能交通系统、智能车路协同系统、云交通系统、无人驾驶等多种发展方向，可合理地组织管理交通，保障道路高效稳定运行，提高乘客和司机的便捷性、舒适性及安全性，妥善缓解交通拥堵和二氧化碳减排等问题。

为了提高交通运输效率和质量，缓解日益严峻的城市路网拥堵、交通管理、交通安全和环境污染等问题，发达国家在政策激励下，相关高校、研究院所和企业纷纷投入对智能交通系统(intelligent transportation system, ITS)的研究与建设中。智能交通系统①是基于较为完善的公路、铁路、机场、通信和港口等基础设施设备(如图3.1所示)，将先进的信息技术、电子传感技术、数据通信传输技术、自动控制技术、卫星导航与定位技术和计算机技术等有效地集成运用于整个交通运输管理体系，从而构建一种在大范围、全方位发挥作用的实时、高效和准确的综合运输管理系统[2,3]。智能交通系统的开发需要整合信息服务、硬件设备、软件开发、系统集成等多个产业领域的技术，需要通过硬件设备收集数据，然后结合人工智能技术对数据分析，最终实现终端应用，已有多个国家投入研发与建设(其架构如图3.2所示)。我国智能交通系统也正在大规模地建设与应用，智能交通系统可解决日益增长的道路资源间的矛盾，实现人—车—路高度协同统一，极大地缓解交通拥堵和事故多发环境，提高运输中能源利用效率，降低污染物和二氧化碳的排放[4]。例如，广州黄埔区将"智慧的路""智能的车"赋能于"智慧之城"，着力打造全国首个智能交通系统管理的城市级示范区，结合实际道路场景和不断升级的智能算法，为交通、市政、城管等市属管理部门提供实时的、可靠的数字化服务，为智慧城市建设和运营提供新的支撑。

---

① 智能交通系统的前身是智能车辆道路系统(intelligent vehicle highway system, IVHS)，目前在日本、美国、欧洲等地区应用较为广泛。我国已在北京、上海、广州等一线城市使用先进的智能交通系统。

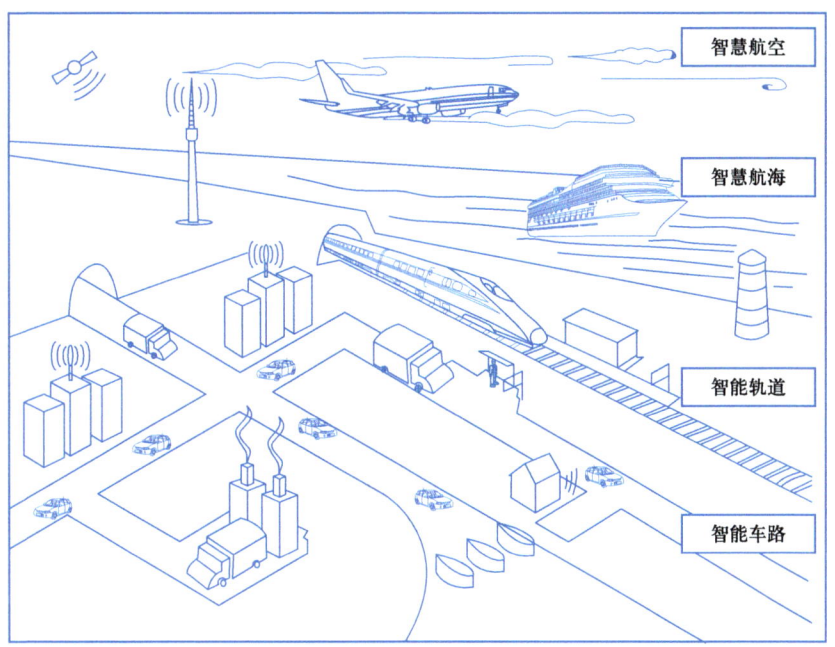

图 3.1　智能交通系统

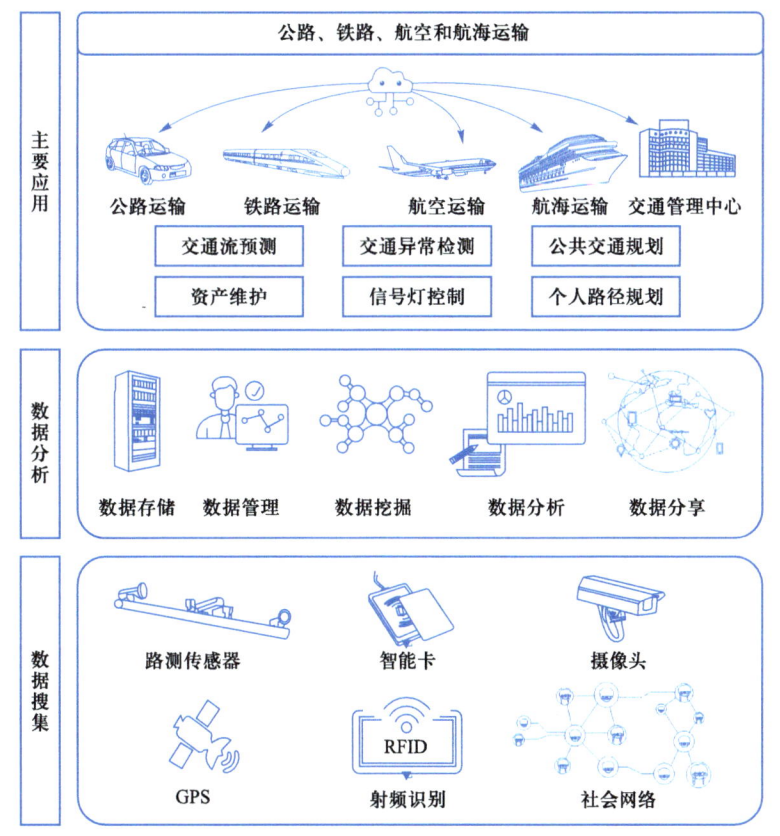

图 3.2　智能交通系统架构

智能车路协同系统[①](intelligent vehicle infrastructure cooperative system, IVICS)是智能交通系统中前沿的研究课题和最新发展应用方向,是推动城市公路交通领域发展的关键。它通过利用互联网+、移动通信、云计算等新一代智能技术,全方位感知人车、车车和车路实时动态信息并实施信息交互,通过全时空交通信息实时采集与融合,开展车辆主动安全控制和道路协同管理,促进道路交通安全高效的发展,提高车辆行人通行效率,形成安全、环保和高效的道路交通系统[5]。智能车路协同系统包括了车辆上的智能车载系统、道路侧的智能路侧系统、车辆和道路侧通信手段连接的智能数据交互系统。其中,智能车载系统就如同一个车载智能机器人,可辅助司机安全操控并驾驶车辆,有效避免车辆的碰撞,及时提醒红灯停车、换道转向等交通指示信号,保障车辆行驶安全、舒适、高效。智能路侧系统则通过摄像头、雷达等传感器来识别分析周围来往车辆、行人运动轨迹、路边树木围栏等障碍物和雨雪天路面湿滑等状况,还可通过与各个路口红绿灯控制系统互联,快速计算各个道路方向的路灯颜色和等待时间,保障车辆无等待通行各个路口。智能数据交互系统提供车辆看、听和说的能力,可以识别并翻译不同口音的普通话,并与不同驾驶人员进行交流,保障人机无障碍交互。随着移动互联网、5G和人工智能技术的高速发展与应用,智能车路协同系统通过网络互联将车载装置与周围道路设施联系起来,可向驾驶员提供可视化地图服务,进行实时导航路况分析及路线优化,可满足用户个性化、多样化的需求。智能车路协同系统也已成为我国城市建设的重点方向。例如,河北省保定市在主城区路网规划了176个装载智能信控优化系统的路口交通设备,在智能车路协同系统"行车引导"模式的基础上,通过手机导航App实时获取车辆与下一个交通路口的距离和红灯等待时间,引导驾驶员控制行驶车速,提高出行效率和驾驶体验感。

云交通系统(cloud traffic system, CTS)是基于云计算的、面向服务的、高效低耗的和基于知识的智能交通系统,是现有智能交通系统中的交通仿真、交通管理、交通控制等与物联网、云计算在概念和技术上的拓展和延伸。云交通系统主要是通过云计算平台将底层异构的计算力资源和分散的存储资源整合成类似电力能源一样的标准化资源,并通过应用平台实现交通仿真、交通控制、交通管理等综合信息服务的智能交通系统。云交通系统具有许多优点:(1)在应用创新方面,云计算的资源提供方式使应用服务商能专注于应用服务自身,而交通资源的整合,使个体创新走向群体创新;(2)在互操作方面,云交通系统支持交通资源间与交通能力之间的互操作;(3)在资源动态共享方面,通过资源的整合、自动化管理和动态分配,云交通系统建立了跨地域、跨系统的共享资源,可面向用户随时随地提供所需的服务;(4)在异构集成方面,云交通系统支持分布异构的交通资源和能力的集成,可实现区域交通、干线交通的协同;(5)在快速响应方面,云交通系统可快速、灵活组成各类服务以响应需求。

随着人工智能技术智能化水平快速提高及商业应用场景落地不断普及,人工智能相关视觉识别、深度学习、大数据分析、智能语音等技术在智能交通系统、车路协同、云交通系统中成功地应用,为解决城市交通拥堵、系统管理水平低等问题提供了新的解决方案。人工智能技术也在交通各个领域进行广泛的应用,例如无人驾驶、智慧物流、智慧民航、智能船舶以

---

① 智能车路协同系统简称车路协同系统,它需要针对交叉口、路段、交通信号灯等不同测试场景,协同管理车路之间、车车之间高效运行。

及轨道交通等领域。可以预见人工智能技术与交通的深度融合，必将加快生产资料的流通，方便人们的出行，提高各个产业生产效率，保障道路交通中人员生命安全，有效降低污染物和二氧化碳排放，最终促进社会和谐有序地发展。

3.2 无人驾驶技术

3.2.1 无人驾驶技术的发展概况

自从汽车诞生以来，人们就憧憬着无人驾驶汽车到来的那一天。比如科幻影片中展现出诸多无人驾驶的场景：1969年上映的《金龟车贺比》系列电影中金龟车贺比能够拥有自主思考、自我驾驶并进行赛车，一度成为迪士尼经典形象；1982播放的《霹雳游侠》系列电视剧中汽车KITT是一台具有高度智能的汽车，拥有超级大脑和先进的武器装备，成为主人公的最佳战友，为无辜的民众伸张正义；2007年上映的《变形金刚》系列电影中擎天柱、大黄蜂等"汽车人"拥有超人类的智慧水平，可随意变形汽车并参与战斗躲避各种攻击。

科幻影片在视觉上给我们带来了无人汽车方面的饕餮盛宴，也启发无数科研人员和工程师对无人驾驶技术进行不断地探索（如图3.3所示）。无人驾驶汽车的研发最早起源于20世纪20年代。美国陆军电子工程师弗朗西斯（Francis P.Houdina）于1925年研发了世界首辆无人汽车"美国奇迹"（American Wonder），该车主要依靠无线电控制技术及电动马达制动技术实现车辆自动行驶，并在纽约繁忙的街道上演示了自动行驶并穿越拥挤的道路。虽然"美国奇迹"严格来说是"遥控驾驶"，距离无人驾驶汽车"自主性""智能化"的核心技术相差甚远，但是在当时还是引起了极大的轰动。

美国工业设计先驱诺尔曼·贝尔·盖迪斯（Norman Bel Geddes）在1936年纽约世界博览会上设想了这样一种未来交通场景——在道路中嵌入电磁场，给电动汽车供给能量，并采用无线电控制技术操控汽车行驶。20世纪50年代，美国无线电公司（Radio Corporation of America，RCA）根据上述"自动高速公路"的想法设计了自动控制的公路和汽车，并与通用汽车公司合作在内布拉斯加州一处高速公路上对一辆全尺寸汽车进行了真实路况的试验。试验取得了成功，被很多报纸报道，并宣传其为"没有拥堵、没有疲劳、没有碰撞"的超级电子高速公路。1956年开始，通用汽车公司陆续推出"火鸟"（Firebird）系列概念车，其中Firebird II神似火箭头，是世界首辆安装了车载电子导航和安全保障系统的汽车，它在自动高速公路上飞速行驶的时候，驾驶员可以休息。进入20世纪60年代，在道路内埋设电子控制设备进行车辆控制和导航的方法仍是很多研究机构和企业的主流研发思路。英国运输与道路研究实验室对各种天气状况下改装无人车辆在道路控制系统中运行试验数据进行了详细分析，结果显示该道路控制系统可以将道路负载能力提升50%，并使交通事故发生率降低40%左右。然而，上述"自动高速公路"需要在道路嵌入控制电子设备，对车辆及附属设施进行升级改造，要完全实现应用成本高、难度大，后续维护困难，因此在20世纪70年代该技术逐渐在人们视野中消失。

第 3 章 交通运输与人工智能

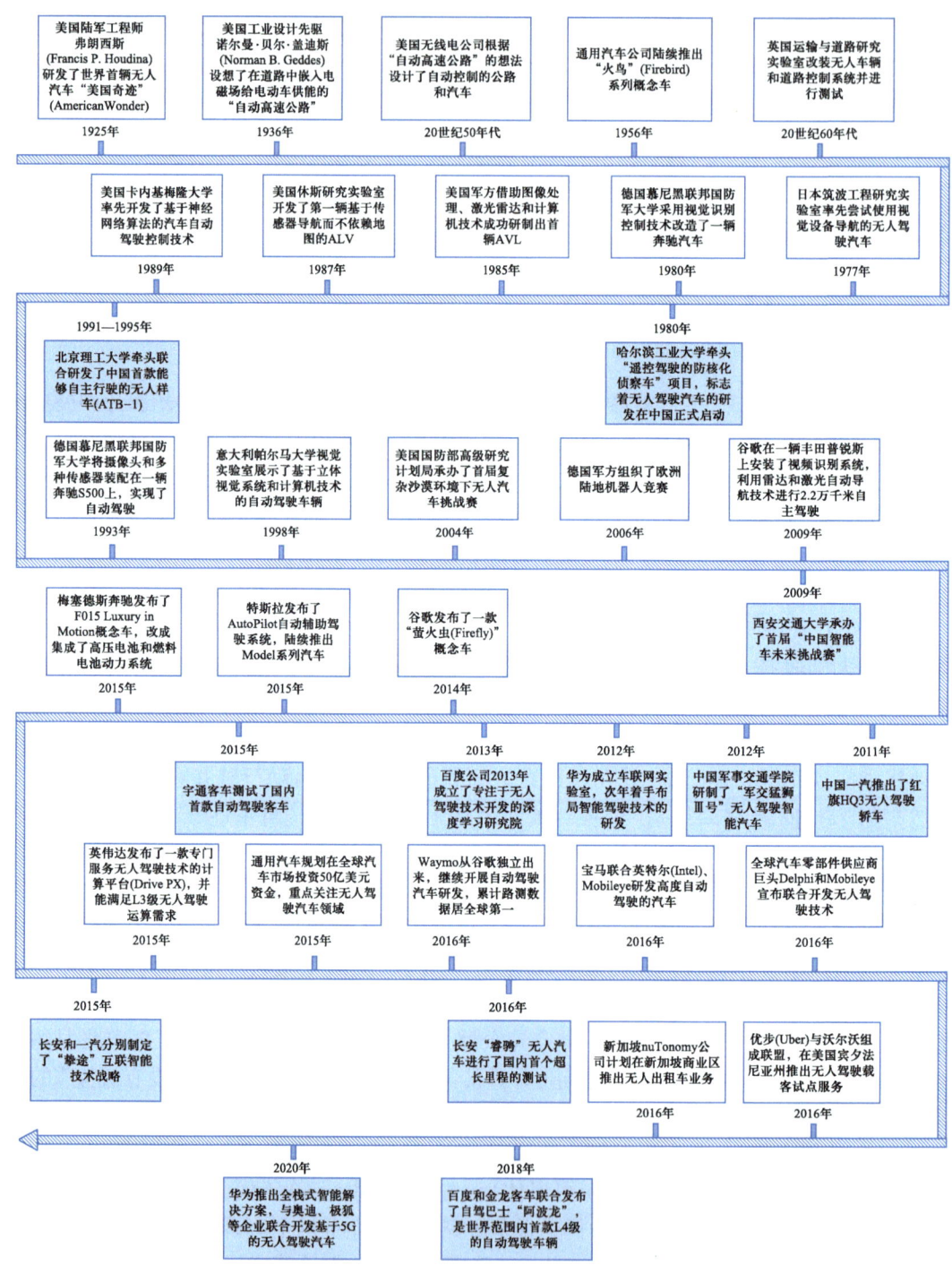

图 3.3 无人驾驶技术发展历程

20 世纪 70 年代中期开始,日本、德国和美国等国在政策激励与支持下,众多学术机构及汽车企业着手对车辆本身进行了技术升级和设备改造,研发了路况识别和车辆操控系统。

1977年,日本筑波工程研究实验室率先尝试使用视觉设备改造无人驾驶汽车,利用两个摄像头监测车辆前方路况实现自动驾驶,摆脱了道路改造的难题,成为无人驾驶新的里程碑。20世纪80年代,随着汽车控制和感知技术的发展,越来越多无人驾驶技术在无人车中开始涌现。1980年,哈尔滨工业大学等高校研究院所牵头获批了"遥控驾驶的防核化侦察车"项目,标志着无人驾驶汽车的研发在中国正式启动。随后,北京理工大学牵头联合研发了中国首款能够自主行驶的无人样车(ATB-1),最高速度可达21 km/h。同一时期,德国慕尼黑联邦国防军大学(Bundeswehr University Munich)迪克曼斯(Dickmanns)教授团队同样采用视觉识别控制技术改造了一辆奔驰汽车,在理想路况下实现了63 km/h 的高速自动行驶。美国国防部制定了自主地面车辆(automated land vehicle,ALV)计划,并全面开展无人地面和无人平台等技术的研发。1985年,美国借助图像处理、激光雷达和计算机技术成功研制出首辆 ALV,但受限于摄像机像素低、拍摄不连续、固定摄像方向以及车载计算机计算能力差、图像处理速度慢等缺点,该车性能不尽如人意,只能以4.8 km/h 的车速在平坦的路面上自动行驶0.96 km。虽然美军后续缩减了经费的资助并取消了 ALV 计划,但是 ALV 奠定了未来无人驾驶汽车视觉系统、导航系统和行进底盘的设计架构。1987年,美国休斯研究实验室(Hughes Research Laboratories,HRL)开发了第一辆基于传感器导航而不依赖地图的 ALV,首次在乱石、深谷、山坡等越野环境下以3.1 km/h 的车速自主航行600多米。1989年,卡内基梅隆大学率先开发了基于神经网络算法的汽车自动驾驶控制技术,奠定了现代车辆控制策略的基础。

进入20世纪90年代,无人驾驶技术重点关注视觉识别、传感、导航等技术,车辆的自主行驶能力得到极大的提高。1993年,迪克曼斯教授团队在一辆奔驰 S500 上装配了摄像头和多种传感器,在巴黎的公路上以130 km/h 进行了1 000 km 的自主行驶实验,在道路上完美地上演了自由行驶、跟车和超车等动作。1995年,卡内基梅隆大学团队继续升级了摄像、GPS、便携计算机等设备,使用神经网络操控车辆的方向,车辆自主驾驶超过5 000 km,其中98.2%的路程使用自主驾驶。1998年,意大利帕尔马大学视觉实验室展示了基于立体视觉系统和计算机技术的自动驾驶车辆,以90 km/h 的平均时速进行了2 000 km 行程的自主驾驶实验,其中94%都是依赖自动驾驶技术。

21世纪,无人驾驶汽车进入快速发展阶段。美国国防部高级研究计划局(Defense Advanced Research Projects Agency,DARPA)2004年首次承办了复杂沙漠环境下无人汽车挑战赛,并要求无人汽车只能依靠 GPS、摄像头和传感器进行导航,并穿越230 km 带有天然障碍物的沙漠赛道。令人遗憾的是首届比赛未有赛车队伍成功完成比赛并抵达终点。到了2005和2007年,亦即第二届和第四届比赛中,除了安装 GPS 和摄像头,斯坦福大学和卡内基梅隆大学在无人汽车上还装备了雷达远程测距和激光测距仪等设备,大大提高车辆控制和避障能力,先后斩获了冠军。从此雷达和激光测距仪成为未来无人汽车的必备配置,这也成为无人驾驶技术发展的分水岭。2006年,德国军方组织了欧洲陆地机器人竞赛,比赛规定:参赛车辆在8 km 的赛程中,必须采用摄像技术将周围场景转化为3D影像,采用光学定向及测距装置辅助导航决策,获取周围车辆、行人、树木位置信息与行动轨迹。2009年6月,西安交通大学承办了首届"中国智能车未来挑战赛",吸引了清华大学、上海交通大学和意大利帕尔玛大学等7所国内外顶尖学府的无人驾驶汽车研发团队,旨在通过复杂的赛事环境测试参赛车辆道路环境标识感知识别能力和自动驾驶决策能力,促进我国重点研发计划《视听觉信息的认知计算》相关成果的进步。截至 2022 年,该赛事已经举办了 13 届,已成为国内持续时间最久、最具权威性的无人驾驶比赛,代表了我国智能驾驶技术的最高水平,实现了中国无人车领域"从 0 到 1"的突破,在一定程度上促进我国自动驾驶技术实现跨越式发展,缩短了我国与欧美国家无人驾驶方面的差距。

2009 年,谷歌(Google)得到 DARPA 的支持,招收斯坦福大学和卡内基梅隆大学无人驾驶汽车团队大量研发技术人员,开启并投入了大量资源研发无人驾驶汽车。谷歌团队首先在一辆丰田普锐斯上安装了视频识别系统,利用雷达和激光自动导航技术,在太平洋沿岸路测中该车自主行驶了 2.2 万千米。谷歌在 2014 年发布了一款"萤火虫(Firefly)"概念车,取消了方向盘和脚踏板的设计,自动驾驶速度可达 40 km/h;2016 年,Waymo[①]从谷歌独立出来,继续开展自动驾驶汽车研发,并且测试中不再配置安全驾驶员,累计测试里程已超过 2 300 万千米,路测数据居全球第一。

特斯拉(Tesla)也极力争抢无人驾驶这块蛋糕。2014 年,特斯拉宣称其生产汽车自主驾驶功能达到 90%。2015 年,特斯拉推出的 Model X 等车型均搭载了其自主研发的无人驾驶套件 AutoPilot 自动辅助驾驶系统,该系统主要利用长焦摄像头、广角鱼眼摄像头等设备,依靠纯视觉识别技术进行辅助驾驶,也可以进行自动停车和一键唤起的功能。梅赛德斯奔驰(Mercedes-Benz)也极其看好无人驾驶未来发展前景,并启动了无人驾驶汽车的研发,在 2015 年推出了 F015 Luxury in Motion 概念无人车,该车集成了高压电池和燃料电池动力系统,最长续航可达 1 100 km。英伟达(NVIDIA)也在 2015 年展示了 Drive PX 计算服务平台,这是一款专门面向无人驾驶技术服务的系统,并能满足 L3 级无人驾驶运算需求。通用汽车也开始布局无人驾驶汽车路线,在 2015 年 7 月规划在全球汽车市场投资 50 亿美元资金,重点关注了无人驾驶汽车领域,并在 2016 年投资 5 亿美元与 Lyft 公司合作构建自动驾驶网络,以 10 亿美元收购坐落在硅谷的 Cruise Automation 初创公司(简称 Cruise 公司)进行自动驾驶技术的研发,Cruise 公司研发的无人车在加利福尼亚州的路测里程超过 2 000 万千米,与 Waymo 一样处于世界无人驾驶技术前列。在 2016 年掀起的无人驾驶技术研发的热潮中,宝马宣布无人驾驶技术战略计划,并联合英特尔(Intel)、Mobileye 研发高度自动驾驶的汽车;Delphi 和 Mobileye 作为全球汽车零部件供应商巨头宣布联合开发无人驾驶技术;优步(Uber)与沃尔沃组成联盟,加强无人驾驶领域的合作,并在美国宾夕法尼亚州推出无人驾驶载客试点服务;新加坡 nuTonomy 公司紧随其后也着手无人驾驶领域技术开发,计划在新加坡商业区推出无人出租车业务。2017 年美国、加拿大、英国、德国、日本、韩国等发达国家政府开始发布无人驾驶相关战略计划,大量老牌车企和新兴技术企业开始入局无人驾驶领域。

中国汽车企业及互联网公司也认识到无人驾驶是未来汽车技术最重要的发展趋势,在 2010 年后越来越多的汽车企业和互联网公司发布了不同型号的国产无人驾驶汽车,力争无人驾驶领域的一块蛋糕[6]。2011 年 7 月,中国第一汽车集团有限公司(简称中国一汽)联合国防科技大学共同推出了红旗 HQ3 无人驾驶轿车,该车可快速识别道路斑马线、虚线等环

---

① Waymo 刚开始是谷歌(Google)于 2009 年开启的一项自动驾驶汽车计划,之后于 2016 年 12 月才由谷歌独立出来,成为 Alphabet 公司旗下的子公司。

境,在长沙至武汉的高速公路测试中,以 87 km/h 的平均时速完成了 286 km 的自主驾驶道路测试,突破了我国无人驾驶汽车实际环境感知、智能决策和行为控制等技术在高速公路复杂行车环境应用中的瓶颈。2012 年 7 月,中国军事交通学院在一辆黑色现代途胜上安装了视听感知系统,研制了"军交猛狮Ⅲ号"无人驾驶智能汽车,实现了车辆自主换挡、刹车、制动专项等动作,在京津高速上完成了 114 km 的自主驾驶测试。2015 年 8 月,宇通客车在郑州与开封城际快速路上试驾了国内首款自动驾驶客车,行驶里程达到 32.6 km,最高速度达到 68 km/h。2015 年 4 月,长安和中国一汽分别制定了"挚途"互联智能技术战略。2016 年 4 月,长安"睿骋"无人汽车进行了国内首个超长里程的测试,从重庆抵达北京自动行驶了 2 000 km,并计划到 2025 年,实现复杂城市道路下完全自动驾驶汽车的量产。

百度公司 2013 年成立了专注于无人驾驶技术开发的深度学习研究院,2015 年 12 月百度无人汽车率先在北京市内、五环线及高速等混合路况下进行了全程无人测试,最高速度达到 100 km/h。百度不断加强对无人驾驶的投资,在 2017 年与博世联合,将百度高精地图技术与博世道路特征服务技术结合,增强了高速公路辅助功能。2018 年 7 月,百度和金龙客车联合发布了名为"阿波龙"的自驾巴士,该车是世界范围内首款 L4 级的自动驾驶车辆,使用了百度最先进的基于车路协同路线的 Apollo 系统,与谷歌"萤火虫"一样没有方向盘和脚踏板,但可以进行智能感知、高精定位、智能控制等操作,已在北京、深圳、雄安新区等区域进行测试。百度布局了未来无人驾驶共享出行的规划,并于 2020 年在北上广深等国内部分地区进行小规模试运营,包括其研发的小马智行、百度 Apollo、文远知行、AutoX(安途)等无人车。例如,百度萝卜快跑拥有超过 500 辆无人共享车的规模,AutoX 的第 5 代 RoboTaxi已实现量产,拥有超过 1 000 辆无人汽车的车队,运营规模全国居首。

华为与百度几乎在同一时期进入无人驾驶领域,早在 2012 年成立车联网实验室,2013 年着手布局智能驾驶技术的研发,并研制了车载通信和在线诊断相关产品。随后,华为推出全栈式智能解决方案,与奥迪、极狐、赛力斯等企业联合开发基于 5G 的无人驾驶汽车。百度给不同品牌汽车改装上无人驾驶设备及系统,但是其设备过于昂贵,难以进行商业化量产;与此不同,华为则是对整套系统方案的整合,可以生产包括激光雷达、超声波雷达、摄像头、车机系统等无人驾驶设备,甚至在开发鸿蒙车机控制系统及海思车载芯片,能够全面控制造车的成本。因此,华为极狐阿尔法 S、问界 M5 率先在市场上交付,成为行业的标杆。

在 2021 年之前,由于无人驾驶感知、识别和决策系统等技术尚未成熟,无人驾驶汽车行业的发展趋势主要以研发和实践为主。近年来,我国多次出台无人驾驶、车联网相关产业技术的规划或政策以推进行业发展。2022 年,国家发展和改革委员会在官网上发布《"十四五"现代综合交通运输体系发展规划》,指明要稳妥发展自动驾驶和车路协同等出行服务,鼓励自动驾驶在港口、物流园区等限定区域测试应用,推动发展智能公交、智慧停车、智慧安检等[7]。我国无人驾驶汽车企业基本掌握了智能辅助驾驶总体技术及各项关键技术,初步建立了智能网联汽车①、车路协同、自动驾驶等自主研发体系及生产配套体系。据《2022—2027 年全球及中国无人驾驶行业市场现状调研及发展前景分析报告》数据显示,预

---

① 智能网联汽车是一种跨技术、跨产业领域的新兴汽车体系,联合了车联网与智能车等技术,通过搭载的传感器、控制器和执行器等设备,实现车—人—路等智能信息交互,实现安全、舒适、节能、高效行驶。

计中国无人驾驶汽车行业市场规模将从 2021 年的 93.7 亿元突破到 2026 年的 390 亿元,无人驾驶市场前景非常广阔。尽管无人驾驶技术仍存在诸多暂时不能解决的技术问题,但是随着 5G 技术、车联网及道路智能化水平的发展与进步,无人驾驶汽车已在高速公路、全国多个城市公交专用车道以及工业园区等特定区域实现营运车辆的示范性应用。未来无人驾驶将与智能道路设施设备协同发展,形成新一代交通控制技术体系与成熟的商业运行模式,实现交通运输的开发、共享和升级。

3.2.2 无人驾驶汽车标准

为了引导无人驾驶技术的发展方向,规范无人驾驶行业标准,美国国家公路交通安全管理局(National Highway Traffic Safety Administration,NHTSA)率先在 2013 年发布了 NHTSA 标准,定义了自动/无人驾驶汽车五个等级标准(L0~L4)。2014 年 1 月,美国汽车工程师学会(Society of Automotive Engineers,SAE)发布了 SAE J3016(TM)《标准道路机动车驾驶自动化系统分类与定义》,将自动驾驶等级分为 6 种(L0~L5)[8]。两个标准的不同之处在于,SAE 标准中将 NHTSA 标准中 L4 级(全自动驾驶)细分为 L4(高度自动驾驶)和 L5(完全自动驾驶)两个等级(如图 3.4 所示)。2018 年 6 月,SAE 重新修订了 J3016 标准,解释了自动/无人驾驶六个等级的适用范围。

L0 级(无自动驾驶)完全由驾驶员完成"动态驾驶任务",驾驶员需要负责汽车启停、制动、方向控制及路况观测,驾驶过程中也会应用碰撞预警、紧急制动、车道偏离等辅助系统。

L1 级(驾驶员辅助)仍然完全由驾驶员主导,需持续关注周围路况,车辆具备单独的自动化驾驶员辅助系统,可以开启一部分自动化的功能,拥有辅助控制加速、减速、刹车及转向等单一功能。

L2 级(部分自动驾驶)属于高级驾驶员辅助系统(advanced driving assistance system,ADAS),车辆能够在某些特定环境下自动控制加减速、应急刹车及车辆转向等操作,驾驶员手脚可以同时离开方向盘和刹车油门,但需观察周围环境,随时准备接管车辆。这也意味着 L2 级算不上真正的无人驾驶。目前,通用汽车的 Super Cruise 系统、特斯拉开发的 Autopilot 系统、吉利缤越的 BMA 模块以及大众探岳加载的 ACC 自适应巡航系统都属于 L2 级无人驾驶。

L3 级(条件自动驾驶)在环境监测级车辆控制等技术方面远远超过了 L2 级自动驾驶,可以在某些预设的道路环境下(如高速、园区或人少偏远的城市道路)完全由自动化系统根据道路环境信息控制车辆,驾驶员无须全心关注道路情况,但仍要保持警惕,在系统失效时接管车辆的控制。目前,奥迪 A8L 的交通堵塞导航(Traffic Jam Pilot)技术符合 L3 级自动驾驶标准。

L4 级(高度自动驾驶)技术上有所突破,可以在系统失效时或意外情况下干预车辆控制,驾驶人员可以选择将控制权交给无人驾驶系统或直接手动控制。受限于现行法律法规,L4 级无人汽车只允许在限定区域内行驶。法国 NAVYA、谷歌旗下 Waymo 和百度 Apollo 都是面向 L4 级无人驾驶技术开发的,可以在城市工业园区、高速公路环境等限定道路采用无人驾驶模式运行。

L5 级(完全自动驾驶)不需要方向盘和脚踏板,不受区域道路环境限制,完全由车辆进行控制,不需要驾驶人员关注道路情况。

自动驾驶分级		名称	定义	驾驶操作	周边监控	接管	应用场景	典型应用
SAE	NHTSA							
L0	L0	人工驾驶	由人类驾驶员全权负责汽车驾驶	人类驾驶员	人类驾驶员	人类驾驶员	无	/
L1	L1	辅助驾驶	车辆对方向盘和加减速中的一项提供辅助操作，人类驾驶员负责其余的驾驶操作	人类驾驶员和车辆	人类驾驶员	人类驾驶员	限定场景	沃尔沃、奔驰等拥有自适应巡航、车道保持辅助、刹车等功能豪华品牌的高端车型
L2	L2	部分自动驾驶	车辆对方向盘和加减速中的多项提供辅助操作，人类驾驶员负责其余的驾驶操作	车辆	人类驾驶员	人类驾驶员		通用SuperCruise 特斯拉ModelX 吉利缤越 大众探岳
L3	L3	条件自动驾驶	由车辆完成绝大部分驾驶操作，人类驾驶员需保持注意力集中以备不时之需	车辆	车辆	人类驾驶员		奥迪A8L
L4	L4	高度自动驾驶	由车辆完成所有驾驶操作，人类驾驶员无需保持注意力，但限定道路和环境	车辆	车辆	车辆		法国NAVYA 谷歌旗下Waymo 百度Apollo
L5		完全自动驾驶	由车辆完成所有驾驶操作，人类驾驶员无需保持注意力	车辆	车辆	车辆	所有场景	/

图 3.4　自动驾驶分级[8]

2015 年 7 月，欧盟道路交通研究咨询委员会（European Road Transport Research Advisory Council，ERTRAC）采用了类似于 SAE 的分级标准，发布了自动驾驶路线图（automated driving roadmap）；ERTRAC 在 2019 年 3 月提出将基于数字化的基础设施与网联式协同自动驾驶相结合的概念（infrastructure support levels for automated driving，ISAD），旨在让基础设施更好地对自动驾驶技术提供支持和引导，更新并定义了网联式自动驾驶路线图（connected automated driving roadmap）；在 2021 年 9 月，ERTRAC 又更新了自动驾驶路线图 connected, cooperative and automated mobility roadmap, DRAFT for public consultation。

随着无人驾驶产业的快速发展，2016 年 10 月，中国汽车工程学会在国内首次总结了我国汽车智能化技术包括辅助驾驶、部分自动驾驶、有条件自动驾驶、高度自动驾驶和完全自动驾驶五个等级，并编制了《节能与新能源汽车技术路线图 1.0》[8]；随后在 2020 年 10 月，中国汽车工程学会在工信部的指导下修订发布了《节能与新能源汽车技术路线图 2.0》，指出 2025 年预计部分自动驾驶/有条件自动驾驶等级智能汽车年销量占比将突破 50%，具有高度自动驾驶的智能汽车将逐渐投入市场；到 2030 年，部分自动驾驶/有条件自动驾驶等级智能汽车年销量占比将突破 70%，高度自动驾驶的汽车年销量占将突破 20%。2022 年 3 月国家市场监督管理总局（标准委）正式发布了国标《汽车驾驶自动化分级（GB/T 40429-2021）》[9]，该标准紧密结合我国当前实际现状并参照 SAE 分级框架，将汽车自动驾驶调整为 0 级 ~5 级，明确了各自动驾驶等级下驾驶员应当承担的责任。

3.2.3 无人驾驶系统及其组成

无人驾驶技术的本质就是通过摄像头、雷达等传感器感知道路及周围环境的信息,然后由车机系统分析处理获得的信息对车辆驾驶行为做出决策,最后实现对车辆安全智能的控制。因此,无人驾驶系统的核心技术可分为感知层、决策层、控制层三个层面(如图3.5所示)。为提高无人驾驶汽车的稳定性和可靠性,往往需要增强感知层的准确度,保证决策层在特殊环境中路径规划及机器学习的计算能力,提高控制层安全性、有效性和响应速率[10]。感知层、决策层和控制层的各自组成及关键技术总结如下。

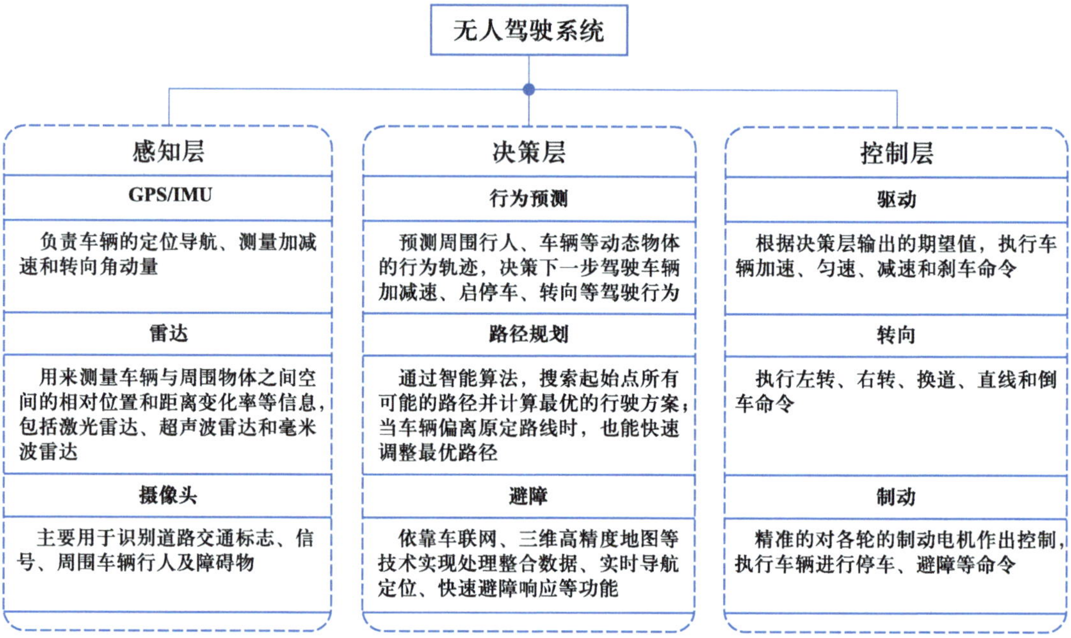

感知层	决策层	控制层
GPS/IMU 负责车辆的定位导航、测量加减速和转向角动量	**行为预测** 预测周围行人、车辆等动态物体的行为轨迹,决策下一步驾驶车辆加减速、启停车、转向等驾驶行为	**驱动** 根据决策层输出的期望值,执行车辆加速、匀速、减速和刹车命令
雷达 用来测量车辆与周围物体之间空间的相对位置和距离变化率等信息,包括激光雷达、超声波雷达和毫米波雷达	**路径规划** 通过智能算法,搜索起始点所有可能的路径并计算最优的行驶方案;当车辆偏离原定路线时,也能快速调整最优路径	**转向** 执行左转、右转、换道、直线和倒车命令
摄像头 主要用于识别道路交通标志、信号、周围车辆行人及障碍物	**避障** 依靠车联网、三维高精度地图等技术实现处理整合数据、实时导航定位、快速避障响应等功能	**制动** 精准的对各轮的制动电机作出控制,执行车辆进行停车、避障等命令

图3.5 无人驾驶系统及组成

1. 感知层

感知层相当于人的眼睛和耳朵,主要负责收集并提取分析车辆周围道路环境中的各种信息,包括用于定位的全球定位系统(global positioning system,GPS)、用于位姿感知的惯性测量传感器(inertial measurement unit,IMU)和用于对障碍物、道路标识和行人车辆进行识别的雷达、视觉识别等传感器。

其中,GPS是依靠多颗人造卫星进行无线导航的定位系统,可以为车辆提供高精度的、实时的、准确的地理位置和行驶速度信息。GPS导航具有观测时间短、定位精度高、抗干扰能力强等优点,缺点是更新频率往往低于10 Hz,不能准确地提供车辆行驶时实时位置信息。因此,GPS不能满足无人驾驶汽车实时定位的需求。一般3颗卫星就可确定车辆行进过程中的位置和海拔高度。但是,卫星信号传输过程长距离传播及卫星使用时钟误差均会对车辆定位造成极大的误差。为了消除传播延迟和卫星时钟带来的误差,工程上广泛使用差分GPS技术,以车辆附近固定位置基站做参考,通过4颗卫星计算基站三维坐标误差从而修正车辆定位数据(如图3.6所示),其计算过程如式(3.1)所示。

$$\begin{array}{l}[(x_1-x)^2+(y_1-y)^2+(z_1-z)^2]^{1/2}+c(\delta_{t1}-\delta_{t0})=d_1\\ [(x_2-x)^2+(y_2-y)^2+(z_2-z)^2]^{1/2}+c(\delta_{t2}-\delta_{t0})=d_2\\ [(x_3-x)^2+(y_3-y)^2+(z_3-z)^2]^{1/2}+c(\delta_{t3}-\delta_{t0})=d_3\\ [(x_4-x)^2+(y_4-y)^2+(z_4-z)^2]^{1/2}+c(\delta_{t4}-\delta_{t0})=d_4\end{array} \tag{3.1}$$

其中,4颗卫星空间坐标分别为(x_1,y_1,z_1)、(x_2,y_2,z_2)、(x_3,y_3,z_3)和(x_4,y_4,z_4),车辆坐标为(x,y,z),c为光速,δ_{t1}、δ_{t2}、δ_{t3}和δ_{t4}为4颗卫星时钟误差修正因子,δ_{t0}为固定基站相对GPS时间误差修正因子,d_1、d_2、d_3和d_4分别为卫星与车辆的实际距离。

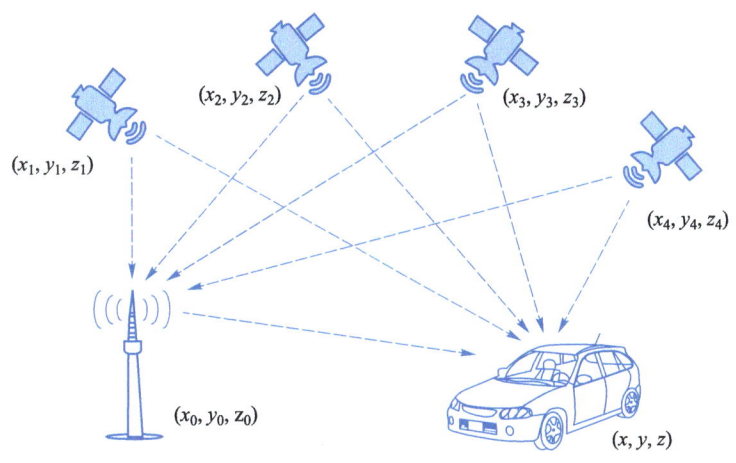

图3.6　差分GPS定位原理

IMU是基于惯性定律研制而成的,它具备陀螺仪的功能,可用于检测和测量车辆即时的动态行为,包括感知前后、左右和上下方向的加速度以及前后和左右的角速度。IMU的应用范围较广,包括智能手机等消费类电子产品、汽车导航系统、通信卫星等航空设备以及弹道导弹等军用产品,其尺寸涵盖了毫米级微机电系统(micro-electro-mechanical system, MEMS)到半米级光纤器件。IMU最典型的特点是更新频率高,可以达到200~1 000 Hz,并可在较短的时间内进行实时位置信息共享,但是其定位误差随着时间累积的缺点导致了长时间驾驶过程中位置信息准确度较低。因此,IMU通常和GPS一起配合使用,相互取长补短,提供准确度高、更新频率快的定位信息。

雷达是一种通过发射和接收电磁波信号来测量车辆与周围物体之间的空间相对位置和距离变化率等信息的电子传感器。无人驾驶汽车中常用的雷达传感器包括激光雷达、超声波雷达和毫米波雷达。

激光雷达作为无人驾驶技术最核心感知器件之一,具有探测距离远(150~300 m)、分辨率高、视场角广、抗干扰能力强等优点,可用于捕捉复杂路况条件下动态或静态物体,同时也是绘制三维高精度地图保证安全行驶的主要工具。但是,目前高精度的激光雷达往往具有更多的线束,其造价更高昂、开发技术难度大、生成数据量大、需要计算资源高且不适用雾雨雪等极端环境,尚不能达到民用普及的程度。

超声波雷达可对车辆周围障碍物进行防撞预警,其价格相对便宜,一般在汽车前后以及侧面均有布置。超声波雷达根据超声波的特点,广泛应用于短距离测量(10~500 cm)并对灰尘、烟幕、黑暗等视线不清的场景有极强的适应力。但是,超声波雷达都是定向测量障碍物距离、测量角度小。因此,为消除盲区,车辆前后一般会布置多个倒车雷达,以识别并测量前后及侧方障碍物距离。

毫米波雷达使用 1~10 mm 波长的短波,具备抗干扰能力强、空间分辨率高、质量轻、体积小和成本低等优点,可穿透灰尘、烟雾、雨天等环境,探测距离最远可超过 200 m。但是,毫米波雷达探测距离受频段限制,对车辆周边行人及其他障碍物感知精度低,感知数据稳定性差且不能提供障碍物高度信息。

摄像头是无人驾驶最为基础的器件,主要用于识别道路交通标志、信号、周围车辆行人及障碍物。相对于雷达传感器,车载摄像头更便宜。因此,无人驾驶汽车中通常采用单目、双摄及红外灯等多个种类的车载摄像头,配合图像识别处理算法,快速判断周围车辆及障碍物行驶信息,辅助安全驾驶。但是摄像头易受光线条件干扰,其探测距离及精度在强光或黑暗条件下会降低,而且不适于在雨雪大雾等天气工作。

就现有技术而言,上述每种传感器都有各自的优缺点。无人驾驶汽车需要结合各种传感器的优势和缺陷,将它们的优势互补,以感知车辆周边环境中实时信息,并保证数据识别处理的速度和精度。例如,GPS/IMU 传感器主要用于车辆定位,激光雷达和摄像头可以绘制地图识别周围场景,也可以用来辅助定位。摄像头和激光雷达都能探测道路周围车辆、行人及障碍物,可以从不同层面提取无人汽车所处的道路环境,同时超声波雷达和毫米波雷达作为紧急避障最后一层保障,能够识别倒车或前进方向附近的障碍物,共同提高无人车感知能力,保障车辆安全。

2. 决策层

决策层相当于人类的大脑,通过对感知层获取的位置和周围环境信息进行分析整合,规划从起点到终点行驶路径并进行导航、避障等辅助驾驶决策。决策层具体可细分为行为预测、路径规划、避障三个部分。

行为预测是总结利用人类驾驶经验并通过电脑来完成的。无人汽车决策系统通过对周围行人、车辆、障碍物、交通标识及信号等信息进行分析,根据特定的算法预测周围动态物体的行为轨迹,在满足车辆安全行驶、符合道路交通法规等前提下,决策驾驶车辆下一步加减速、启停车、转向等驾驶行为。

路径规划就是通过一定的算法,搜索始发地到目的地所有可能的路径并计算最优的行驶方案,并且在实际行驶过程中,通过深度学习和增强学习算法,对外界环境信息进行处理并做出科学合理的决策,包括路径规划变道、跟车超车、加速刹车、减速转向和调头等。当车辆意外偏离原定路线时,能快速反应,及时调整,决策提供新的最优路径。

决策系统扮演着"人类大脑"的角色,主要依靠车联网、三维高精度地图等技术实现处理整合数据、实时导航定位、规划最优路径和快速响应决策等功能。决策规划是无人驾驶技术智能化水平的直接体现,关键在于核心算法及算力的提高。目前决策算法包括基于专家规则的决策算法和基于学习的决策算法两种。其中,基于专家规则的决策算法依赖专家经验,难以涵盖可能遇到的所有路况环境,会造成车辆运行不连贯;而基于学习的决策算法面临数据质量高、可解释性差、运行场景需使用特定模型等问题。随着近些年人工智能、强化学习、机器学习等算法的突飞猛进,未来无人驾驶决策算法将会不断提高以满足应用需求。

3. 控制层

控制层相当于人的手和脚,控制车辆方向盘、油门、刹车、离合器以及其他辅助设备来完成决策层规划的路线。控制层根据决策层输出的期望值,可实现精准实时地控制无人车行驶测速、转向角度、驻车制动及挡位等。车辆在实际行驶过程中,不断通过感知层的各类传感设备收集大量路况信息,将车辆行为变化的信息一并实时反馈给决策层。因此,感知层、决策层和控制层是相互影响的,三者之间会实时反馈周围路况和车辆行为变化的信息。要保证无人车行驶的稳定性和可靠性,就要提高感知层的精准度,提升决策层在特殊路况中的算法能力,增强控制层执行的响应速率和安全性。

3.2.4 无人驾驶汽车展望

随着汽车智能化、网联化的快速发展升级,无人驾驶技术得到军工和民用平台的广泛关注。在全球政策引导及市场需求等因素的推动下,无人驾驶技术已然成为各个汽车企业激烈争夺的技术制高点。根据《2022 年中国无人驾驶汽车市场行业研究报告》,无人驾驶市场份额在 2022 年超过 100 亿元,到 2025 年其市场份额将超过 267 亿元。

从全球汽车市场来看,无人驾驶汽车未来发展前景特别好,特别是在公共交通、智慧物流、旅游自驾、智能建筑、农业生产、环境清洁等应用领域。目前,无人驾驶数字公交在郑州、上海、广州等地专用道路进行测试,公交车可进行远程实时监管以及人工监管,自动靠站及开关门;在建筑行业中,碧桂园采用自动铺砖机、粉刷机、清扫机进行房屋的装修,大大降低人工作业强度;农业生产中除了常见的小麦、稻谷自动收割机外,新疆棉花生产依托卫星遥感、大数据、自动驾驶等技术,可安装规划路线进行自动棉花播种及采摘,实现精准定位棉垄和高效作业,显著提高了棉花采收效率,降低人工作业强度。

随着 5G、智能网联技术的迅速发展,无人驾驶技术将会提供更智能的服务,减少交通事故,提高能源利用效率以及减少环境污染,无人驾驶汽车的应用范围将会更加广泛,推动各个行业产业升级。

3.3 人工智能与物流

3.3.1 中国物流的发展

中国现代物流行业诞生于 1979 年改革开放之后,随着市场经济逐步取代计划经济,国内货物商品流通需求和价值不断增长,物流行业才开始兴起。"物流"概念也是这一时期从日本引入我国,国内专家开始对物流体系和理论进行探索。最初,国内物流应用于供销社、零售网点、运输队伍中生产资料的储运,物流规模十分有限,发展速度缓慢。通过十余年的学习和实践,20 世纪 90 年代中国物流随着市场经济的快速发展而逐渐完善,以顺丰速运、申通快递等为代表的民营物流企业纷纷涌现,物流行业渐成规模。进入 21 世纪,2001 年中国加入世界贸易组织(World Trade Organization,WTO),吸引了大量外资及产品进入中国,加上国内互联网及电子商业的爆发和我国交通运输基础设施逐渐完善,物流行业进入了高速发展阶段。当前,物流行业在各个运行环节仍存在技术水平低、效率低、成本高、能耗大、物流人才短缺以及环境污染严重等问题,物流成本不断攀高,利润逐年降低,物流行业的发展迫切需要技术手段进行"降本增效"。

随着人工智能算法及物流设施设备的进步,人工智能在物流运输、仓储、配送、客服等特定场景中实现落地,可以有效提高物流各环节运作效率,降低运行能耗及生产成本。"人工智能+物流"克服了传统物流业企业管理差异、储配运技术水平不足、人员素质及成本不足等问题,可以有效提高整个物流配送链条的效率,为国内外电商、直播带货带来的多场景、大规模订单提供智能化的解决方案。2011 年以来,国外亚马逊、国内京东和菜鸟等企业就着手建设无人仓、无人配送车、自动分拣机器人、AI 客服领域的语音识别等新概念的智能技术,致力于解决物流行业配送慢、效率低以及成本高等难题。为了规范物流系统的管理及提高物流过程的效率,大数据技术可以应用在物流系统各个流程中,实时准确地提取运输、仓储、配送每个环节的数据,从而实现整个物流系统可视化、透明化的管理,提高物流调度智能化水平。物联网技术也是实现智慧物流的关键,可以满足智慧物流网络信息传输及管理要求。

国家统计局在《数字经济及其核心产业统计分类 2021》中指出,将智慧物流纳入数字经济统筹范畴,并突出强调了智慧仓储、智慧配送等关键要素。大数据、互联网+、云计算、人工智能、物联网等技术在物流行业的运输-仓储-配送-客服等各个环节逐步落地,推动着中国物流行业朝着网络化、信息化的方向转型。人工智能技术在物流产业各个环节的应用中已取得一定成果,确实能实现物流行业成本的降低和效率的提高,并为物流公司带来可观的收益。智慧物流也将助力电子商务、直播带货、"新零售"等的发展,形成个性化的服务以及专业的运行平台。

3.3.2 人工智能在物流中的应用

人工智能在物流领域应用的关键技术包括深度学习、视觉识别、无人驾驶、自然语言理解等方面。其中,深度学习对物流活动中产生的数据具有良好的适应性,是实时运输路径规划、仓储系统管理、智能配送调度、运力资源统筹等场景实现的核心技术,也推动着视觉识别、无人驾驶、自然语言理解等技术的进步。视觉识别可提取并处理采集图片或视频中的信息,在智能仓储机器人、无人车/无人机配送、运单信息识别、货物分拣等行为中得到广泛的应用。无人驾驶可在特定的物流园区、港口高速公路以及配送仓储中应用,可提高分拣配送效率,降低人员工作强度。自然语言理解主要通过计算机理解和运用人类社会的自然语言,实现人机交互,目前 AI 语音客服在物流企业售前售后服务中应用广泛,能大幅降低企业客服的人工成本。人工智能技术在运输、仓储、配送、客服等环节中已有初步的应用(如图 3.7 所示)。

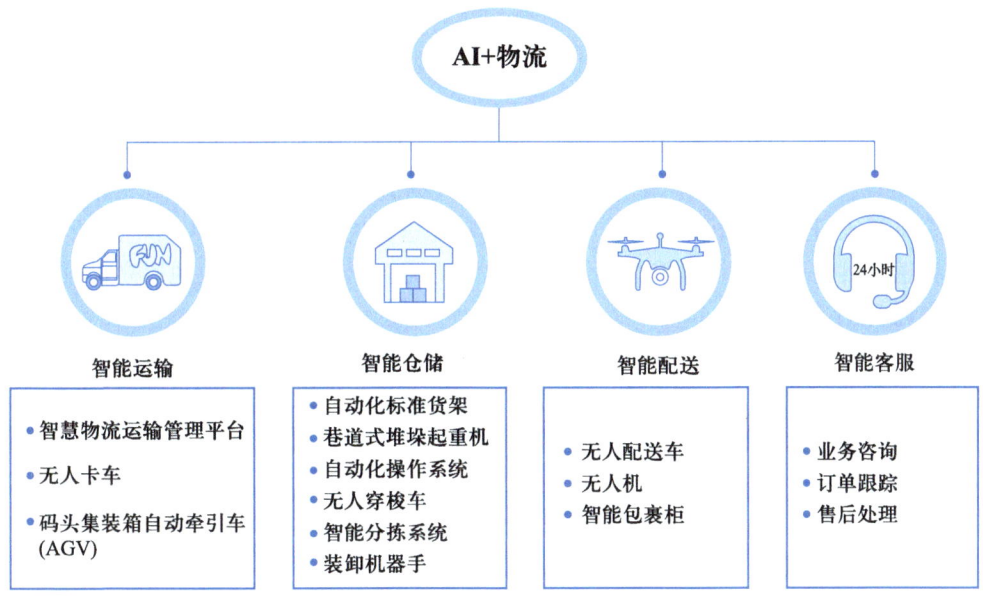

图 3.7 人工智能与物流

1. 货物运输

随着无人驾驶技术的快速发展,无人驾驶货车利用装载的摄像头、激光雷达及毫米波雷达等传感设备可以在特定的高速公路、物流园区和港口码头进行货物的自动转运。无人火车行驶路线、运动轨迹、行进速度以及运载货物等信息将通过网络传输到物流控制系统中,实时接收并执行控制中心发出的指令。例如,码头集装箱自动牵引车(automated guided vehicle,AGV)无须驾驶员操控,通常利用搭载的光学或电磁等传感器识别行进路线和装卸位置,再由智能终端控制系统进行集装箱的装卸及转运。

2. 智能仓储

智能仓储融合了现代信息技术,拥有自动化标准货架、巷道式堆垛起重机、自动化操作系统,可以帮助人类实现货物从入库、包装、存放、分拣和运输的自动化及智能化操作。智能仓储的核心是建立一个智能的管理系统,例如深圳旷世科技有限公司率先在国内推出了机器人网络协同大脑——河图(HETU),它可以协同规划仓库内智能设备、货物、人员作业流程与路径,解决规划、仿真、运营全流程智能管控方面的问题。目前,亚马逊、京东物流、菜鸟等物流企业都投入大量资源建设智能仓库。

智能仓库一般包括无人穿梭车、智能分拣系统、装卸机械手等智能设备。穿梭车结合射频识别(RFID)、条码识别以及通信技术可以同时实现成百上千台设备进行货物自动分拣存放等功能。智能分拣系统通过计算机视觉、条码识别、RFID等技术可快速提取货物信息并检测是否损坏,提供后续配送、更换等操作指令。装卸机械手具有高度的自动化、灵活的拣练动作、快速识别分拣等特点,可根据货物位置、速度、行程及流量进行快速识别、分装,甚至可自动识别损坏的物品并向控制系统反馈信息。

3. 智能配送

在工业园区、校园等特定场景中无人配送车搭载智能辅助驾驶系统,可自动规划配送路线,避让行人及车辆,避开障碍物,到达配送点可自动发送信息通知客户取货或者寄货,为商品配送解决"最后一公里"的问题。目前,京东物流、菜鸟、顺丰等物流公司均已开始全国各地试点使用无人配送车。近年来,无人机也被引入物流领域,亚马逊、顺丰、京东物流、美团等企业纷纷投入研究无人机+智能包裹柜的创新配送解决方案。通过无线电遥控无人机将包裹自动送达目的地,可解决偏远、运送不便地区的货物配送问题,极大地提高物流效率。

4. 智能语音客服

智能语音客服是人工智能技术最为广泛的应用领域之一。AI语音客服通过与用户进行多轮对话交流收集用户语音信息,然后利用语音识别模块将用户语音信息转换为文本格式,再从数据库中检索用户提问的信息,判断用户历史行为,加上自主学习,寻找正确的回答,最后通过文本合成技术将回应文本转换为语音并传递给用户。AI语音客服的应用可大大降低人工客服的工作强度,极大地提高了客服效率和服务质量,增加客户的满意度和忠诚度,节省物流企业成本。

3.4 人工智能与航空

3.4.1 智慧民航

我国航空事业起步较晚,在1951年4月,航空工业管理委员会成立。此后才开始创建我国航空工业[11]。为快速建设强大的国防能力,我国在1953—1957年首个五年计划中就高度重视航空工业的发展,投入了大量人力和物力,借助苏联专家的技术支援,创办了一批航空领域的高等院校、研究院所及重点企业,实现了我国航空工业飞机试制能力的突破。在苏联专家技术支持及我国老一辈科研人员技术攻关下,我国在1954年完成第一架飞机(初教-5)的研制和试飞,之后五年内,歼-5、运-5、直-5、歼-6等军用飞机相继问世。历经几十年的发展,我国航空工业已具备试验、生产多种先进航空装备的实力,并成为国际上为数不多的具有先进特种航空装备研发能力的国家之一,极大地推动了我国经济、科技和国防等方面的发展与进步,实现了重要突破。

我国民用航空飞机是由军用飞机发展而来的。我国航空工业虽然布局了完整的机载设备生产基地,但是民用航空飞机主要依赖进口,不仅需要支付高昂的购买检修费用,而且面临关键技术和部件"卡脖子"的问题。因此,我国在2007年启动研发国产大飞机项目,并在2008年成立中国商用飞机有限责任公司,确定了"一个总部,六大中心"的布局,由它负责我国大型客机研发任务。2015年,大型喷气式民用飞机C919①完成总装下线,这是我国自

---

① C919飞机,全称为COMAC C919,是中国按照国际民航规章自行研制、具有自主知识产权的大型喷气式民用飞机,座级为158~168座,航程为4 075~5 555千米。

行研制的、具有自主知识产权的民用飞机,2017年5月在上海浦东机场完成首飞。2022年中国民航局为C919颁发适航证,并在年底完成首架C919飞机的交付。这也标志着我国打破了欧美寡头在大飞机生产研制技术上的垄断,在航空领域取得历史性的突破。

人工智能技术在民用飞机物流、航拍、农业方面快速推广,无人驾驶航空为民航建设带来前所未有的机遇。"人工智能+"在出行、空管、机场、监管等方面衍生出新的应用场景。近年来,中国民航局在《中国民用航空局关于推动新型基础设施建设五年行动方案》等多个文件中强调建设智慧民航的重要性,并提出"出行一张脸、物流一张单、通关一次检、运行一张网、监管一平台"的建设目标,将人工智能技术融合航空安全、服务、运营和保障等工作充分融合,提高民航资料利用效率,降低行业碳排放。2022年3月中国民用航空局在《智慧民航建设路线图》指出要高度重视智慧民航顶层设计,并布局了"智慧出行、智慧空管、智慧机场、智慧监管"的四个建设核心,推进民航全面布局各个要素、流程和场景数字化平台建设,形成智能化智慧化的新形态新模式。

智慧民航简单来说就是运用物联网、互联网+、大数据、云计算、人工智能等信息化技术,实现对民航全要素、全流程、全场景进行数字化处理、智能化响应和智慧化支撑的新模式、新形态(如图3.8所示)。在智慧出行方面,智慧民航可针对旅客航班预订、机场安检、飞机乘坐全流程和物流航空运输全过程,进行旅客网上订票退票快速处理、无感安检、快速通关、货物托运全过程数字化智能化跟踪,提高旅客服务质量并缩短出行时间,促进物流降本增效。在智慧空管方面,智慧民航将对空中交通安全、航迹运行、定位跟踪进行全局化、智慧化、精细化的管理,保障空中民机多主体协同联动和一体化指挥,夯实空中交通安全基础。在智慧机场方面,智慧民航着力开展机场智能建造、无人驾驶设备与航空器协同运行等项目,积极推动航站楼服务智能化、飞行区保障作业无人化、旅客承运和物流过程自动化进程,提升机场智能控制、智慧管理和绿色运维水平。在智慧监管方面,智慧民航通过全要素数字共享、全流程数据驱动[①],建设行业监管及市场监测协同创新平台,赋能机场政务服务、公共服务、行业治理和安全监管的高效运转,推进资源要素优化配置,提升机场整体服务水平和行业能效。

目前,智慧民航技术已经在现实中得到了充分的运用[12]。2018年,春秋航空股份有限公司联合上海虹桥机场共同创建了国内首座旅客值机、机场安检、物流托运全流程高度自动化的航站楼,获得联合国颁发的"绿色解决方案奖"[②]一等奖。同年,深圳机场也进行了全面系统地数字化转型,基于OneID全流程智能服务系统,设置了智慧安检通道,可直接刷脸完成行李托运、安检登机等过程,实现基于RFID的行李托运全流程数字化跟踪。2019年,中国东方航空集团有限公司与北京大兴国际机场联手,在世界范围内率先推出"刷脸"值机系统、无源型永久电子行李牌、机舱人脸识别系统等技术,利用5G+AI技术打造了机场智慧出

---

① 数据驱动是通过移动互联网或者其他的相关软件为手段采集海量的数据,将数据进行组织形成信息,之后对相关的信息进数据驱动,行整合和提炼,在数据的基础上经过训练和拟合形成自动化的决策模型。简单来说,就是以数据为中心依据进行决策和行动。

② "绿色解决方案奖(GREEN SOLUTIONS AWARDS)"由全球建筑联盟GABC和法国环境和能源管理署ADEME支持,主要评选全球公开征集的城区、基础设施、建筑等在可持续发展领域有突出贡献的案例,该颁奖活动收到全球范围内广泛关注。

行服务管理系统,实现了乘客值机、安检、乘机和行李托运等环节的智慧化出行,缩短了出行时间,提高了舒适感。人工智能融合智慧空管系统后,可实时预测天气变化、计算航班流量、发出超容预警并给出限流建议。人工智能空管系统对飞机机场停机、起飞、航迹、降落全过程进行全流程数字化管理,通过计算飞机的飞行冲突,可自主推荐合适的飞行航路和高度,切实保障地面安全和空中安全。

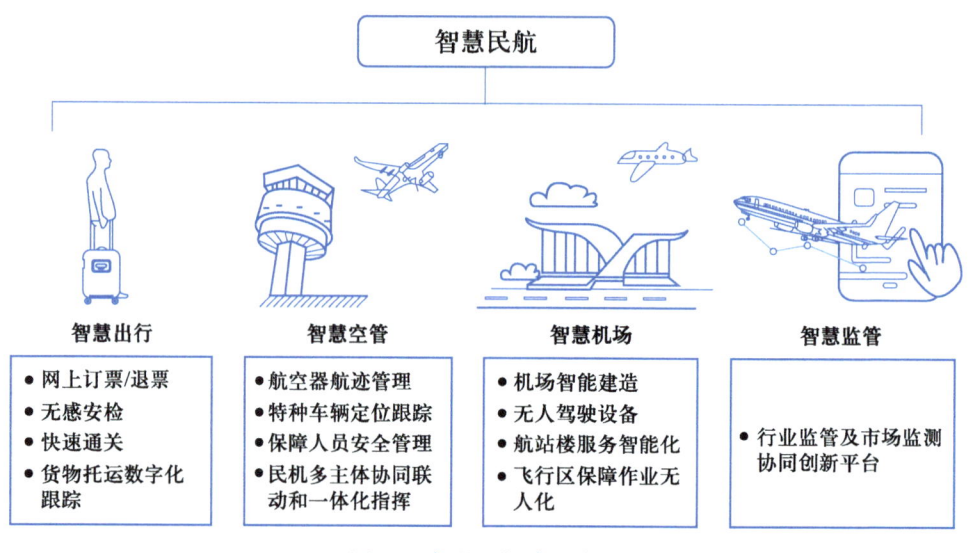

图 3.8 智慧民航建设路线

3.4.2 军用

当前,军用飞机的特点是系统高度集成,配备了大量精密仪器,控制系统复杂,其攻防系统运用人工智能辅助战斗决策。很早之前,美俄英等军事强国就预估人工智能技术将是区别以往战机的关键因素,开始运用人工智能技术来研发新一代战机。美国率先将人工智能融入第五代战机 F-35 "闪电Ⅱ"[①]中,建立了自主后勤信息系统的计算机系统(autonomous logistics information system,ALIS),可以采集分析战机使用情况,预测监管飞机和驾驶员健康状况,提取并预测发动机等主要零部件的寿命状况,及时发现飞机潜在问题并进行维修,从而保障飞机安全执行任务,减少维护成本,有效提高飞机出勤率。为 F-35 配备的飞行员头盔,更是集高科技于一身,加装光学监视器,自带 "增强现实(augmented reality,AR)系统",具备热成像、夜视和实时全景功能,能够自动感应飞行员的目光变化,直接在面屏上展示战斗机的飞行状态、目标数据等,实时获取周围综合战场信息,智能辅助飞行员飞行及执行特征任务。俄罗斯米格-35 建立了基于人工智能系统的操作系统,可辅助飞行员在不同情况下快速决策、智能化飞行并执行战斗动作,大幅增强作战能力。

---

① F-35,绰号:"闪电Ⅱ"(Lightning Ⅱ),是美国一型单座单发战斗机/联合攻击机,具备较高的隐身设计、先进的电子系统以及一定的超音速巡航能力。

人工智能技术能够显著提升训练任务场景的真实度,辅助飞行员进行空中战斗模拟,并实现人机对抗。2016 年,美国空军实验室联合辛辛那提大学开发了智能空战系统-ALPHA[①],该智能系统在空战模拟器中战胜了退役的具有丰富空战经验的战斗人员。之后,美国苍鹭系统公司研发的一款人工智能作战系统,在与一名空战专家进行空中战斗机模拟对抗训练中,以 5∶0 的战绩取得完胜。虽然人工智能技术融入战斗机驾驶舱成为武器装备领域新的发展点,但是人工智能仍然需要飞行员海量的训练数据,不断完善飞行作战策略算法,才能在实战中千变万化战斗场景和激烈对抗中发挥出实战价值。

3.4.3 无人机

无人机是通过无线电遥控或远程计算机程序进行自主操控的飞行设备。无人机从技术角度划分包括无人垂直起降飞机、无人固定翼飞机、无人飞艇、无人多旋翼飞行器、无人直升机等[13]。由于其具有小巧的体积、低廉的造价、方便的可操纵性能、较强的环境适应能力等优点,无人机在军用侦查、巡逻、战斗或在民用农业、植保、航拍、救灾、快递等领域应用广泛。

军用无人机在当今战争中可快速侦查情报、监视巡逻、精准打击,在阿富汗战争、叙利亚战争、乌克兰军事对垒等波诡云谲的环境中大放异彩。人工智能赋能无人机可实现高清影像的采集和分析,可对任何场景下的目标进行识别、监控和跟踪,在高空长航时自适应航行和对战斗机精准打击。无人战斗机不用考虑人类心理和生理上的限制,能够灵活机动地执行飞行战斗任务。未来战争中,特别是空战中,将会大量应用高度智能化的无人机,不仅仅完成单机飞行、预警和战斗指令,而且会演变为智能蜂群化协同作战。

民用无人机近年来发展非常迅速,在农业植保、电力巡查、地质勘测、抢险救灾、视频拍摄等诸多领域都有广泛的应用。在农业植保方面,极飞科技农业植保无人机可以进行全地形自动化飞行作业,精确导航作业面积和飞行轨迹,微米级变量喷洒,通过摄像机监测农作物虫害、疾病、杂草等信息,可大大提高农药喷灌作业效率并降低成本。在电力巡检方面,无人机配备高清摄像机和 GPS 高精度定位,可实时监测并自动识别电网线路和电线塔上异物或设备破损情况,解决了人员在偏远地区高空巡线带来的作业风险,大大提高线路勘测排除效率。在地理测绘方面,无人机可自动起降,利用高速相机和雷达等传感器,可实时传回地形地貌的数据和图像,绘制 2D 平面图及 3D 立体图。在救灾巡检方面,无人机可以使原先长距离且复杂的巡视工作变得简单,尤其是可以灵活穿越山区或河流、地形复杂等人类难以到达的区域,代替人工高空作业,大大降低人力物力成本。在快递运输方面,无人机可携带一定货物快速送达客户所在指定位置并自动返回物流中心,帮助快递员解决偏远道路不通畅地区配送"最后一公里"的难题。无人机也受到外卖行业的青睐,无人机可提高外卖配送速度,保证食品安全送达客户手中。在影视娱乐领域,无人机在影视剧取景、会议拍摄、娱乐自拍中可进行全场景拍摄,另外可组合无人机编队进行特定场景表演,带来壮观的视觉盛宴。

---

① ALPHA 智能空战系统被认为是"迄今为止最具有侵略性、反应迅速、最具活力和可行度的 AI"。

3.5 人工智能与航海

海洋占地球表面 70% 的面积,拥有全球 80% 的生物,为人类的生存和发展提供了丰富的渔业资源和矿产资源。人类为了开发利用海洋资源,从远古时代就开始造船探索广阔的海洋。中国航海历史可追溯到 7 000 年前的新石器时代,当时人们用火与石斧"刳木为舟,剡木为楫",运用舟筏在海洋中捕鱼;到秦汉朝代出现大型帆船,中国开始派遣船队东渡日本,远航西太平洋和印度洋海岸,在宣传大国盛世的同时也进行海外贸易文化交流;到明朝航海家郑和率舰队七下西洋,沿岸出访亚非各个国家,树立起中国古代航海的丰碑;清朝实行闭关锁国的政策,中国航海由盛转衰,直至清朝晚期洋务运动设立江南制造总局、北洋水师学堂等机构,中国近代航海走进蒸汽动力时代,但是航海技术完全依赖欧洲强国。中华人民共和国成立后,通过学习和引进西方海洋科技强国的先进船舶制造和设计技术,中国航海科学技术得到快速发展。在几十年创新攻关下,中国已具备大型船舶、特种船只、先进港口研制能力,并在国际市场中占据一席之地。

当前,全球环境污染和温室效应日益严重,在此背景下,航海技术正朝着绿色、智能和安全的方向转型。智能航海、智能船舶等新概念技术成为未来发展的重要趋势[14]。其中,智能船舶是智能航海发展范畴中最为重要的组成部分。它运用物联网、传感器、互联网、大数据等技术手段,能够自动感知、获得并处理船舶自身、航运物流、海洋环境、邻近港口等方面的信息和数据,在船舶航行、管理、维护保养、货物运输等方面实现智能化运行的船舶,以使船舶更加安全、更加环保、更加经济和更加可靠[15]。船舶智能化革新可实现船员配备减量、运载效力增强、污染排放减少,带动整个航运业在节能、增效、安全等方面进行产业升级,同时也是全球航运领域的发展趋势。

2020 年,中国航海学会发布了《中国智能航运技术与产业化发展路线图》,提出我国智能船舶核心技术在多个领域达到国际先进水平,同时也指明了我国现阶段智能航运技术与产业化发展的 22 个关键问题和方向,包括:船舶航行安全辅助决策技术,有/无船员在船的船舶遥控驾驶技术,开阔水域、复杂水域、恶劣海况下的船舶自主避碰技术,港口集装箱、液体散货、干散货物装卸作业系统智能管控技术等。目前,欧盟和日韩均掌握着先进的核心技术,在智能船舶的研发上处于领先地位,我国的船舶智能化发展水平虽然已进入世界第一方阵,在智能化技术攻关积累了一定的基础,但是相关智能技术仍处于初级应用阶段。因此,我国将大力发展智能船舶,不断突破关键核心技术,争取在 2025 年我国航海、船舶、港口等技术和产业智能化水平能达到国际先进水平,在 2035 年总体上达到国际领先水平,形成高质量、智能化的航运体系。

3.5.1 无人驾驶船舶

近年来,世界范围内江河湖泊海洋上通行的船舶数量、种类、体积都在急速增长,导致水上交通运输环境愈加复杂。船舶在航行中,一旦遭遇风云突变的气候、变幻莫测的水文以及周围船只礁石等障碍,难免会发生碰撞,甚至引发触礁、侧翻和搁浅等严重事故。人工智能技术成功在航海运输过程中可有效警示并解决一系列安全问题。发展无人驾驶船舶可提高自动化、智能化水平，让船只自动规划行驶线路，自动躲避障碍，并且能应对恶劣天气、突发危险的环境条件，最大限度地规避自然灾害给船只船员带来的危害(如图 3.9 所示)。

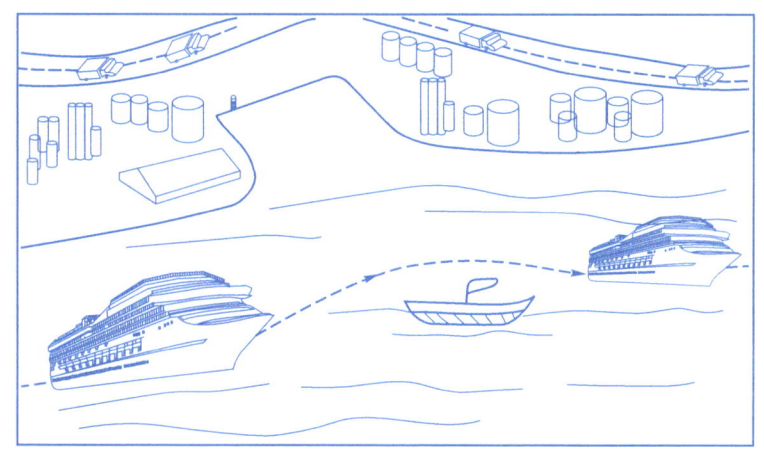

图 3.9　无人驾驶船舶

　　早在 1995 年，美国海军就开始秘密研发"智能舰艇"，构想一种集成了自动化、信息化、高效率等特点的舰艇，形成了早期智能船舶的雏形[16]。2003 年，以色列军方研制了一艘名为"保护者"(Protector)的无人艇。2008 年，我国新光公司针对气象监测预警需求研制了名为"天象 1 号"的无人艇，为澳大利亚帆船赛事提供气象保障服务。随着智能船舶技术不断取得突破，挪威船级社在 2012 年推出《航运 2020》报告预测航海业未来发展趋势，并在 2015 年进行了更新并强调互联船舶的理念，旨在通过感应器、自动识别系统等设备对船舶行驶运营进行智慧化管理，提高其营运效率和碳减排效果。2018 年 4 月，挪威航运公司威尔森集团和康士伯共同创建了全球首个智能船舶航运公司"MASSTERLY"，建造了全球首艘零碳排放无人驾驶船舶("YARA Birkeland")，该船运用 GPS 定位、高清摄像机、雷达等传感设备在行驶过程中主动规避其他船只及障碍物，完成了约 60 km 的无人航行自动停靠任务。"YARA Birkeland"号可节省柴油的消耗，减少 CO_2 和 NO_x 排放，有助于改善水上交通拥堵和提高航行安全。2017 年 1 月，陕西欧卡电子智能科技有限公司发布了"SMURF"自动驾驶清洁船、"ELFIN"自动驾驶巡检船等产品，专注为景区河、湖等水域清洁、巡查提供智能解决方案。2018 年 4 月，丹麦运巨头马士基集团在"Winter Palace"集装箱运输船上装备了激光雷达、高清摄像头等智能传感器，打造了全球首艘拥有态势感知和动力感知的智能集装箱船。2018 年 12 月，芬兰 Finferries 国有渡轮运营公司和 Rolls-Royce 公司共同开发了"Falco"号智能汽车渡轮，该渡轮携带 80 名乘客在芬兰帕尔加斯与瑙沃的河道中进行自主航行。2020 年，IBM 与 ProMare 海洋研究机构联合建造了无人驾驶船"AI 船长"，该船可运用 GPS、摄像头、雷达等传感器以及人工智能边缘计算系统评估海面上将遇到的危险，并进行安全避让周围船舶、浮标等障碍。

近些年无人驾驶船舶的研发还有很多,国内外越来越多的高校、研究院所、船舶企业开始加大对智能船舶研发的投入,智能航海的发展已是大势所趋,像无人驾驶汽车一样正逐步变为可能。

3.5.2 智慧港口

在航运事业发展的过程中,港口和船舶是紧密联系在一起的。高效率的港口、自动化、智能化的停泊及集装箱转运技术可以提高整体航运效率。智慧港口已成为新一代港口运输发展的趋势,是在现代化港口设施设备的基础上,融合大数据、云计算、互联网+、物联网等新一代信息技术,提供的"人工智能+港口"的建设方案,现已成为新一代港口运输发展的趋势[17]。智慧港口能实现港口资源配置的优化、生产运营的智能化、"车—船—货—港—人"组织管理的协同一体化,具有管理智慧、生产智能、服务柔性、保证有力等优点。

智慧港口的雏形是1993年荷兰鹿特丹港建立的"ECT Delta Sealand",它是全球首个集装箱自动化码头,也是第一代自动化码头的代表,但是因其投入大、效率低而且存在污染噪声等问题未能被推广应用。2002年,德国汉堡港打造了第二代自动化码头"CTA"。2008年,鹿特丹港继续升级建设第三代自动化码头"Euromax"。2013年,我国货物贸易跃居全球第一,且约60%的对外贸易通过海运方式完成,因此国家高度重视智能港口在货物仓储、货物配送、运输贸易、信息服务等方面的建设。2016年,中国厦门远洋集装箱码头升级改建成为全球第一个第四代自动化码头,可对船舶规划停泊靠岸发出指令、岸桥自动化装卸集装箱、无人集卡智能运输,因而被业界称为"魔鬼码头"。2017年,上海洋山港完成了自动化码头四期的建设,成为全球最大的单体自动化码头,年吞吐量最高可达700万标准集装箱,刷新了世界纪录;相较一期码头,其作业效率提高了3成,劳动生产率提高了2.1倍。2021年,天津港完成自动化码头升级改造。中国凭借完全自主的核心技术和独立的知识产权,积极推进国内港口的智能化转型升级与建设,也为国际传统码头智能化升级改造提供"中国方案"。

智慧港口以智能管理、自主装卸、智能商务、智能政务为主要工作模式,围绕"车-船-货-港-人"实现协同一体化组织管理,对港口仓储、物流、海关等流程进行智慧联动,提高港口作用效率、安全性和服务质量(如图3.10所示)。港口智能化建设包括集装箱闸口、场桥、集卡、岸桥作业全过程智能化自动化升级改造。2018年广州港利用西井科技技术系统部署完成了黄埔老港码头升级改造工作,包括:通过视觉识别技术可在闸口、场桥、集卡、岸桥全流程对集装箱进行识别;横向运输环节中,使用基于机器学习算法的无人集卡,可自动在场桥和仓库之间运输集装箱;垂直运输环节中岸桥和场桥等吊装设备采用智能锁孔进行精准定位,提高集装箱起吊效率。这些应用都体现了港口智能化发展水平。

智能船舶系泊系统也是智慧港口建设的另一项关键技术,主要包括:船舶辅助进港系统,可通过激光或GPS自动检测并显示船舶码头停靠离开时的距离和速度,实时提醒停靠时的撞击风险;系泊受力监测系统,通过磁力吸盘、弹性减振器和卷扬机等机构,可在突发紧急状况下准确快速地自动释放缆钩,避免对码头和周围设施设备造成破坏。例如,丹麦Cavotec公司研发的Moor Master 200通过电控永磁吸盘可在很短的间距控制船舶离靠岸牵引力,保障船舶进港离港安全。

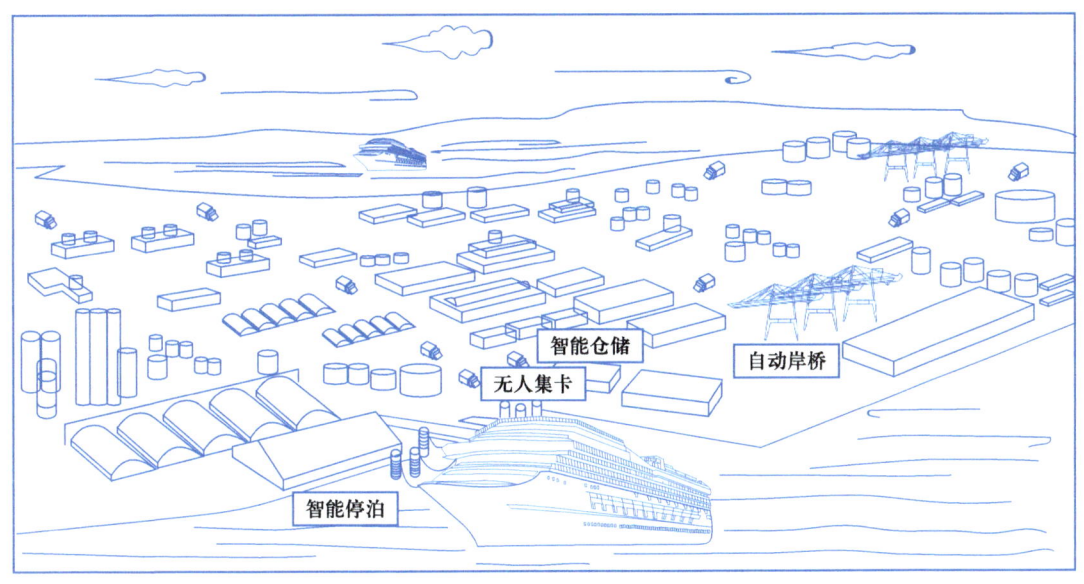

图 3.10 智慧港口

智慧港口不仅具备传统物流、贸易、工业和金融中心等功能,还包括数据服务及其他创新业务模式。在大数据、物联网、互联网+、区块链等新一代技术爆发式发展的背景下,人工智能技术将不断推进智慧港口设施设备及管理系统向更智能、更安全、更高效等方向升级。随着社会需求多样发展、技术快速更迭,智慧港口的建设将是一项长期的、持续的工作,其商业模式、技术内涵也将促进全球贸易的进步。

3.6 人工智能与轨道交通

3.6.1 智能铁路系统

铁路运输是综合交通运输系统中最主要的交通方式之一,发展更高速、更安全、更多样的铁路运输体系对我国经济的发展和社会的稳定和谐至关重要。2004年,国务院发布《中长期铁路网规划》,重点规划建设更高速、更安全、更可靠的铁路。中国高速铁路实现了跨越式发展,历经从无到有、由弱到强的突破,解决了极端气候环境、特殊地质条件下高速铁路安全运输的难题,是现阶段中国铁路科技含量最高的技术水平代表,并已达到国际领先水平。然而,铁路建设是多专业、跨学科的复杂系统工程,使用综合的智能化运行管理平台,亦即广泛运用先进的通信和信息技术、物联网、大数据等技术,以实现铁路调度智能化,资源配置最优化,运输效率最大化。

智能铁路系统(intelligent railway system,IRS)可以对铁路运输进行系统化和智能化地组织和管理,实现铁路运输量和运输效率最大化,是新一代铁路运输系统智能化发展的体现[18]。建设智能铁路系统的根本目的是充分合理地利用铁路运输相关所有固定的、可移动的资源进行优化配置,保障人流和物流安全,促成便捷、高效地流通,以满足社会运输、运力的需求[19]。智能铁路通过大数据、物联网、云计算、人工智能等多种新兴技术,对客运管理、旅客服务、车站应急指挥和设备设施管理等进行深度集成,综合实现旅客便捷出行、车站智能服务、车站车辆安全监控和铁路系统绿色节能等。

人工智能技术在智能铁路系统建设、组织、运行、服务和管理等各个方面都有着广泛的应用。首先,车站选址可运用大数据技术,搜集周围地形地质条件、周边交通情况、对环境的冲击等要求,评估合理的目标场所,辅助火车站选址及建设。其次,新一代的铁路客票系统融合了大数据分析、云计算平台、移动互联网等新技术,可满足线上、线下、自助售票机等多种渠道购票/退票要求,尤其是面临春运等节假日超大量数据存储及超大规模并发交易需求所提出的挑战,智能系统有更好的表现,可以为旅客提供更高的服务质量。例如,中国铁路12306 APP 具备多种功能[20],可与火车票务官方网站共享用户、订单和票额等信息,单日最高访问次数已经高达 2 000 亿次,高峰期每秒可销售 1 500 张车票,单日最高售票量高达 1 541.3 万张。再次,人工智能化的车站管理系统,可进行智能监控、分析和预警,能对人流、车流引导进行合理的规划,同时可以计算并合理调配车辆降低空座率。最后,智能铁路系统对车体本身可进行高效智能控制,如:基于强化学习获得列车运行时间和能耗数据,实现对火车速度最优调控,降低列车运行时间及能耗,从而为铁路网提供最佳解决方案。人工智能通过综合评估各种因素预测火车延误时长,快速分析出列车到站时刻表,从而明确列车晚点情况,进行时刻表的实时更新,减轻调度工作强度,同时避免重大事故发生。

人工智能技术在智能铁路运输系统中还可以发挥更多作用,我国也将继续加强对铁路运输智能化、自动化的研发和应用,未来有望突破无人驾驶列车、列车智能养护维修和列车先进能源管理等技术,实现铁路运输系统运营管理最优化、设备设施全生命周期无人化和自动化操控。智能铁路运输系统的发展必将进一步促进我国经济的腾飞,便捷全国人民的出行,达到减碳增效的目标。

3.6.2 智慧地铁

在我国经济持续快速增长及城市化发展经常不断加快的大背景下,城市轨道交通的建设方便了民众日常出行,缓解了地面交通拥堵情况,支撑了大中型城市的正常运转,提升了人民幸福感。在新一轮智能科技变革和新兴产业推动下,智慧地铁是新一代地铁智能化建设的新目标,其概念一亮相就受到全行业的广泛关注。

依托大数据分析、物联网和人脸识别等技术,智慧地铁构建了全网线安全指挥调度中心,利用摄像头和温度、气味等传感器,可从多个维度实时监测和感知人流动态、环境危险来源,并及时评估和预警,提高各部门协调调度的效率。智慧地铁基于物流网、移动互联网、大数据、人工智能等技术打造城市轨道交通自动售检票系统(automatic fare collection,AFC)[①],与支付宝、微信等手机 APP 深度结合,可使乘客购票、检票、扣款更加灵活便捷,地铁路网中票务管理、收益管理、成本管理更加透明,有利于进一步提高运营效率和服务水平。此外,与

---

① 自动售检票系统通常包括自动控制、计算机网络通信、现金自动识别、微电子计算、机电一体化、嵌入式系统和大型数据库管理等高新技术运用。

智能铁路运输系统一样,智能地铁同样可依托人工智能技术对班车时刻表进行实时更新,对车辆运行时长和保养维修进行监控并提出具体的解决方案。

近年来,我国城市智慧地铁迈入高质量发展阶段。上海打造的高水平数字化地铁,拥有自动票务系统和列车自动控制系统、乘客信息系统等智能化数字化产品,在地铁建设、运营和维保中实现了智能化建议和服务。北京"智慧地铁"以乘客和服务为导向,乘客以"脸"出现和列车运行以"脑"决策,提高北京地铁智能服务管理水平。随着地铁智能应用和服务需求持续增长,智慧地铁建设将进一步推动地铁交通管理的主动性、协同性、及时性、合理性的提升,也必将提高乘坐舒适感、出行便捷性、运行节能减碳强度。

3.7 本章小结

随着第四次工业革命的到来,人工智能技术在陆上、航空和航海等交通领域影响日益深远。智能交通系统、智能车路协同系统、云交通系统等技术不断进步,为城市交通拥堵、环境污染等问题提供了新的解决方案,也提高了人们的出行效率,节省了能源消耗。本章节总结了人工智能技术在无人驾驶、智慧物流、智慧民航、智能船舶和智慧轨道交通等各个领域具体应用场景及发展概况。

无人驾驶技术随着汽车智能化、网联化快速升级,通用 Super Cruise 和特斯拉 Autopilot 已具备 L2 级无人驾驶水平,奥迪 A8L 符合 L3 级无人驾驶标准,法国 NAVYA、谷歌旗下 Waymo 和百度 Apollo 均面向 L4 级无人驾驶技术,L5 级无人驾驶技术也将成为各大科技公司和汽车企业研发的重点。随着无人驾驶技术的成熟,无人驾驶公交、出租车服务在越来越多的城市试点,无人驾驶同时也在建筑、农业、城市道路清扫等领域广泛应用。人工智能与物流的结合,实现了整个物流系统可视化、透明化的管理,为物流全链条各个环节(运输—仓储—配送—客服)提供智慧化解决方案,推动着物流行业朝着网络化、信息化的方向转型。智慧民航对航运进行全要素、全流程、全场景数字化处理,在航站楼服务、飞机运行调度、机场高效协同管理、智能检测和维修等方面实现民航高效运转,为旅客打造高效、便捷、舒适的旅程体验。人工智能技术在航海、船舶以及港口智慧化运行等方面不断突破应用,无人驾驶船舶将提供最优化的航行路线,以及最大限度地规避因自然灾害给船只船员带来的危害,智慧港口将形成物流、贸易、工业和金融集成的创新模式,向更智能、更安全、更高效等方向发展。智能铁路和智慧地铁在列车无人驾驶、智能检测维修、系统智慧化管理、智能票务系统等方面都有广泛应用。

习题

1. 简要回答智能交通系统、智能车路协同系统、云交通系统的概念,并阐述三者之间的关系。

2. 简述 SAE 标准无人驾驶分为几个等级以及其中 L2、L3、L4 级别无人驾驶技术典型代表车辆。

3. 简述人工智能技术是如何在物流各个环节中应用的。

4. 分别列举人工智能在航空、航海以及公共交通三个方面应用的一个实例,并对其中相应的人工智能技术进行说明。

习题参考答案

本章参考文献

第4章 电力系统与人工智能

4.1 电力系统发展和机遇

城市化、生活水平和技术的进步增加了人类对能源的需求,这使得全球电力消耗上升到一个令人震惊的水平。据统计,城市消耗了人类社会生产的总能源的 75%~80%,而城市的温室气体排放量占 80%[1-2],城市发展给环境带来了不小的压力。另外,自人类使用电力以来,全球电力系统依据基本原理逐渐形成了相似的结构和响应特征,即传统的、集中控制的电能分配系统——电网,它仅关注一些基本功能,例如发电、输电、配电和调度[3]。早期的电网存在诸多问题,包括不可靠、输电损耗高、电能质量差、停电频发、电力供应不足、缺乏分布式整合能力等。最重要的是,传统的非智能电力系统缺乏足够的监控和实时控制,这为下一代电网设计提供了一个具有挑战性的需求。若要解决能耗压力、环境压力和供电系统本身的这些问题,就需要对电力输送结构进行彻底改革。

智能电网技术提供了一种通过信息和通信技术来实现能源智能化管理和优化的电力方案。相较于传统电网,智能电网能够更好地应对能源管理和控制的挑战,实现对能源的高效利用和可持续发展,在运营、维护和规划的经济性方面能够发挥重要作用,是未来电力系统发展的重要方向[4]。因此智能电网技术被设计用于微电网层面,最终实现公共电网与所有其他微电网的连接,形成一个大型的智能电力系统。对缺乏基础设施的发展中国家来说,这种智能电力系统具有巨大的潜力,提供了安全可靠的输配电解决方案。

受疫情影响,人类减少了交通出行,但居家办公并未减少电力的消耗,电力需求仍在扩张。在大多数地方,电力也不是那么绿色——如在美国,仍有 60% 的电力来自煤炭、石油和天然气,因此电力系统的碳排放量占比还在逐年增加。对碳排放较高的国家而言,智能电网能够通过有效方式分配电力,最终减少温室气体和污染物(如 NO_x 和 SO_x),一直被认为是解决碳排放问题的关键[5]。

4.1.1 新能源发展

中华人民共和国成立以来,电力工业开始起步发展,建立了一些大型水电站和火力发电厂,初步构建了电力系统的基础。随着电力工业的快速发展,火力、水力、核电、风力等各种发电方式得到广泛应用,电网建设也迅速扩张,形成了大规模的电力系统。从 1997 年开始,中国电力体制经历了一次重大改革,实现了电力行业的市场化,电力发电、输送、配送等环节进行了分离,形成了较为完善的市场机制。从 2011 年开始,中国电力系统进入全面升级的阶段,重点发展新能源、智慧电网、大数据等新技术,推进电力行业数字化转型,实现电力系统的高效、安全、绿色发展。图 4.1 展示了我国近几年发电总量以及增速。

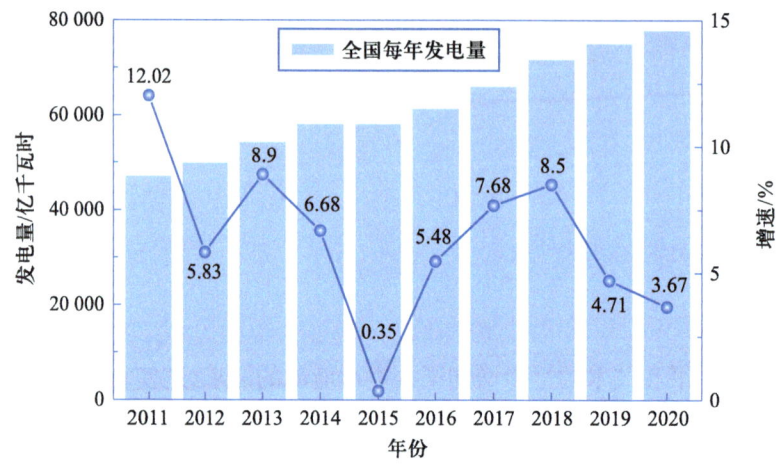

图 4.1 我国近几年发电总量以及增速[4]

在过去几十年中,化石能源(火力发电方式)为中国提供了超过 70% 的发电量[5]。随着世界能源转型步伐加快,在国际减少碳排放和我国国内能源可持续发展的双重压力下,中国提出了清洁能源发展和低碳经济增长的目标,重点发展水力发电、风力发电、光伏发电、核电等新能源资源,多种类型的发电方式如图 4.2 所示。"十二五"期间,中国新能源电力的总装机容量从 2010 年年底的 30.5 万千瓦增长到 2015 年年末的约 340 万千瓦,年均增长率达到了约 80%[4]。同时,中国也建立了全球最大的新能源电力市场,并成为全球最大的风力发电和光伏发电国家。

水力发电是利用水能转化成机械能驱动涡轮转动,进而驱动发电机产生电能的一种发电方式。水力发电是一种绿色、清洁、可再生的能源形式,具有经济性和环保性的优势,同时具有调节能力和可靠性,是国内外广泛应用的一种能源发电方式。水力可再生性强,可控性强,环保节能,经济性好,多功能性强。水电是一种清洁的可再生能源,相较于风力发电、光伏发电,其优势是发电稳定、运营周期长。但是水力发电的建设成本并不低,建设大型的水电站和水库,投资和建设成本较高;除此之外还受自然条件影响,水力发电需要水流,受水流的季节、水位、水质等自然条件的影响较大;水电站需要占用大片土地和水资源,对于水资源短缺的地区来说可能会引起资源利用方向的争议,从理论上讲,它也是目前中国唯一可以大规模商业化开发的清洁能源。根据技术可开发能力的计算,到目前为止其开发利用率仅为 20%[6]。根据区域分布特点,最丰富的水电资源在西南地区,包括四川、云南、西藏和贵州。

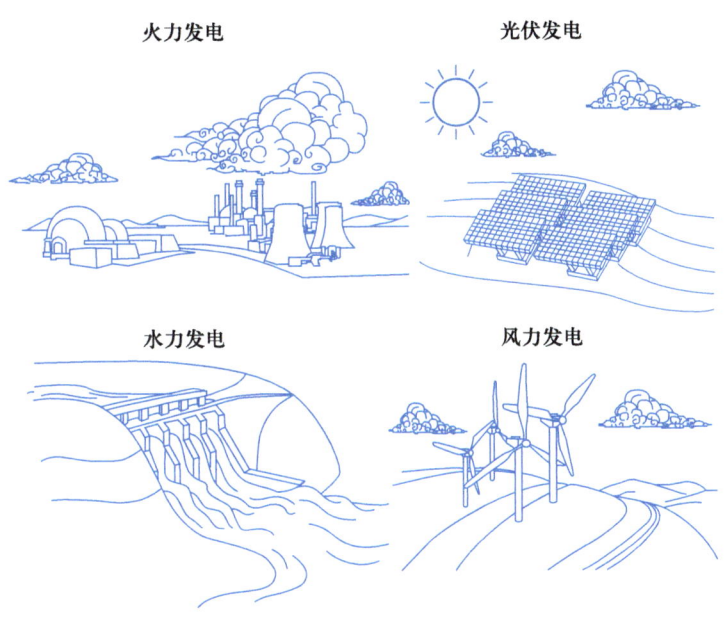

图 4.2 多种类型的发电方式

风力发电是一种利用风能发电的技术。风力发电利用风力旋转风轮,通过转子转动带动发电机转动,将机械能转化为电能。风力发电的关键是选择合适的风能资源地点,风能资源地点的选择十分重要,需要综合考虑气象条件、地形地貌、周边环境等因素。我国可用于发电的风力资源主要分布在东南、东北、北方、东南沿海地区和内陆地区,包括"三北地区"(河北、青海、内蒙古、新疆和甘肃河西走廊)。在这些地区,风力发电密度为 200~300 W/m² 甚至更高,有些甚至达到 500 W/m²。东南沿海地区的海岸线长约 1 800 km,拥有 6 000 多个岛屿,冬夏季风明显,同时叠加海陆风的影响,沿海地区特别是海面阻力很小,风力十分强劲,风力密度甚至可以达到 500 W/m²,可用时长范围为 7 000~8 000 h[7]。丰富的风资源、健全的风电发展政策以及完善的风机技术、风电场建设技术为我国风电的发展提供了保障,我国有 2 亿千瓦的巨大风力开发潜力,占可用能源总量的 79%。

太阳能资源是改变我国能源结构的一个重要突破口。在政府的支持下,近几年来光伏产业体系有显著的提升。中国是全球最大的太阳能光伏制造国家之一,拥有完整的光伏产业链和成熟的生产技术,尤其在太阳能电池制造方面具有一定的优势。除此之外,中国在光热发电领域也取得了一定的进展,光热发电技术是一种利用太阳能将水加热成蒸汽驱动涡轮发电的技术,这项技术应用主要集中在西北地区的甘肃、新疆等地。其中,甘肃的河西走廊是中国光热发电的重要基地,目前已建成多个大型光热发电项目。此外,中国政府在太阳能光伏领域也出台了一系列政策和措施,鼓励光伏发电的发展和应用。中国在光能发电方面具有较为成熟的技术和完整的产业链,未来光能发电仍将是中国清洁能源发展的重要领域之一。

4.1.2 传统电力系统的主要挑战

人类刚开始使用电力时,电力系统规模很小而且高度本地化。1882 年,纽约市的珍珠街发电站投入运营,它由爱迪生创办的公司搭建,包含了发电、配电和客户这三个最基本的要素。这是美国电力系统的起源,也是世界上第一个商业运行的电力系统,被认为是现代电力行业的开始。该发电站通过燃烧煤炭产生电,连接了一台 100 V 的发电机,为 85 名客户的数百盏灯提供供电服务。珍珠街站的建立遇到了几个障碍,第一,发电机本身还不够强大,产生的电力有限;第二,铺设电网的费用非常高昂,特别是远距离的电力输送网络;第三,对初始运行期间的电网系统来说,一个主要难题是如何实现能源消耗的跟踪计算,以便于按照实际情况向不同的客户收取合理的费用。事实上直到今天,对于现代电力系统而言,这些问题仍然存在,人们在建立更好、更可靠的电网时,需要面对来自成本、政策、合适的计量方式和其他的挑战。珍珠街站为世界各地其他类似的自给自足、孤立的电力系统提供了一个建设的典范,这种结构也成为后世大型复杂电网的基础。

今天的电网已经发展成为一个连接数千个发电站、输电线路、配电网络和负荷中心的大型互联网络。全世界的电力系统面临着诸多挑战,包括基础设施老化,需求不断增长和越来越多种类可再生能源的并网需求,电动汽车的兴起,提高供电安全性的需要,减少碳排放压力等。此外,发电站与远端负荷之间的距离较长,对电网的监测、测量和控制提出了新要求。

传统电力系统的主要缺点如下:
(1) 未能处理可靠性、安全性、容量、效率和环境污染等几个问题。
(2) 由于双向潮流,电网中的无功功率[①] 难以控制。
(3) 由于电网中变压器和分布式可再生能源发电设备的增加,继电器[②] 协调发生了变化。
(4) 谐波失真[③] 不在允许的限值内。
(5) 网络的瞬态稳定性[④] 不在可接受的范围内。
(6) 由于有功功率和无功功率的变化,网络中的瞬态电压[⑤] 变化。

因此,人们需要智能系统来应对这些挑战,使用先进的通信系统和计算技术来操作和控制的"智能电力系统"应运而生,用于可再生能源资源的集成、异常条件的检测和分类、状态估计、需求侧管理和输电线路调整。此外,它还提供给消费者更加清洁、更加高效、更安全可靠、价格更为合理和可持续性更高的能源供应。

4.2 智能电力系统

电网是向消费者分配电力的复杂网络,当这个网络具有自动控制和监控系统等功能时,

---

① 无功功率是指在具有电抗的交流电路中,电场或磁场在一个周期的一部分时间内从电源吸收能量,在另一部分时间内则释放能量,在整个周期内平均功率是零,但能量在电源和电抗元件(电容、电感)之间不停地交换。

② 继电器是一种电控制器件,通常应用于自动化的控制电路中,它实际上是用小电流去控制大电流运作的一种"自动开关",在电路中起着自动调节、安全保护、转换电路等作用。

③ 谐波是指正常电流波形的一种失真,一般是由非线性负载发射的。

④ 几乎所有的电子电路都需要一个稳定的电压源,它维持在特定容差范围内,以确保正确运行(典型的 CPU 电路只允许电压源与额定电压的最大偏离不超过 ±3%)。该固定电压由某些种类的稳压器提供。通过电阻分压器自动检测输出电压,误差放大器不断调整电流源从而维持输出电压稳定在额定电压上。

⑤ 瞬态电压是在规定的环境温度下,处于关断状态时固态继电器输出端能承受的不被击穿或失去阻断功能的最大瞬时电压。

它就成了智能电力系统。从技术上讲,智能电力系统是在传统电力系统的基础上深度改造,集成了传感测量技术、通信技术、信息技术、计算机技术和控制技术等,建成的一个完全自动化的电力传输网络,它可以使传统电力系统更加可靠和可持续。

4.2.1 概念

智能电力系统是一种稳定、安全、可靠、有弹性、可持续和高效的电能系统,采用双向信息、网络安全通信技术和计算智能,以集成的方式实现发电、变电、分配和用电。在减少碳排放的时代需求背景下,智能电力系统将随机性和间歇性更强的可再生能源纳入总的电网分配传输之中。

美国国家标准与技术研究院提出了智能电力系统的概念[①],详细描述了规划、开发要求、互连的利益相关者和所需的设备。他们将这些利益关系人和设施分为七个域,如图 4.3 所示。

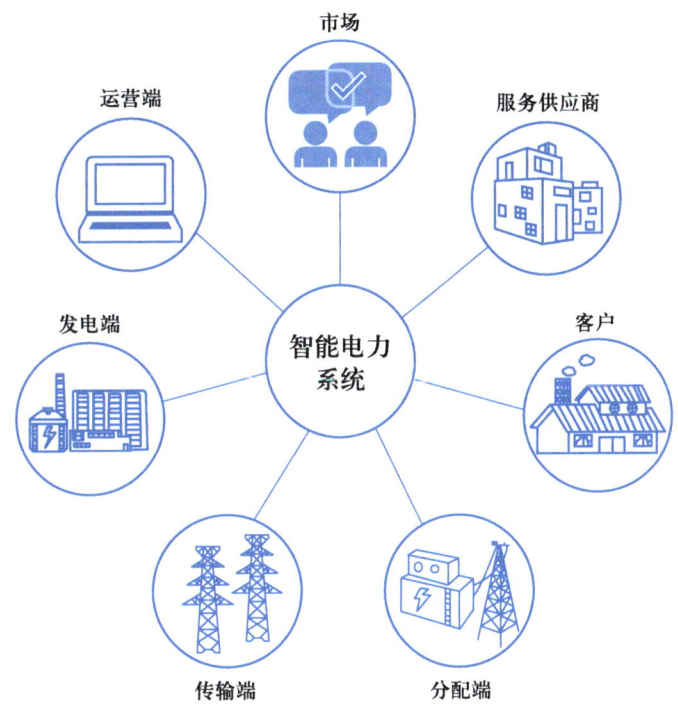

图 4.3 智能电力系统的核心架构

(1) 在智能电力系统的发电端,多种发电站并存,新能源来源不稳定的问题将得到改善。

(2) 传输端主要涉及负责发电公司或个体的电能传输,在智能电力系统中输电端的感知能力将进一步提升。

(3) 分配端是指将电力分配给最终消费者并进行监控的环节,这涉及不同电力形式的

---

① 美国电力科学研究院将智能电网定义为:一个由众多自动化的输电和配电系统构成的电力系统,以协调、有效和可靠的方式实现所有的电网运作,具有自愈功能;快速响应电力市场和企业业务需求;具有智能化的通信架构,实现实时、安全和灵活的信息流,为用户提供可靠、经济的电力服务。

分销商和客户。

(4) 服务供应商为参与发电、输电和配电的所有利益相关者提供支持服务。

(5) 客户是来自家庭、商业或者工业的消费者,他们既可以消耗能源,又可以出售能源。在智能电力系统中,电网和客户之间电能是双向流动的。"智能电表"和其他机制有助于客户实时了解用电情况,实时定价,从而选择在电价昂贵时减少用电、节省成本。消费者除了可以借助智能电网管理用电和选择最佳购电方案,还可将富余能源卖给电网,比如在微电网里,电动汽车和储能设备都可以反向为智能电网充电。

(6) 运营商和消费者都扮演着市场的角色,市场是智能电网的另一个重要特征,可有效利用能源并改善经济效益。

(7) 运营端主要涉及执行与电力系统相关的操作,它由负责电力流动的监管机构或管理层组成。

智能电力系统是清洁、可持续、高效和可靠的能源产生、输送和使用的新趋势。确保稳定和安全地运行对于智能电网至关重要,如此才可以开展有效的稳定性分析和控制。随着互连规模的不断扩大、可再生能源的整合、直流输电系统的广泛运行以及电力市场的开放,现有电网经历了大发展,其稳定性比过去复杂得多。针对这些新变化,常规的稳定性分析和控制方法在速度、有效性和经济性方面难以应对挑战,急需革新。在这种背景下,新兴的人工智能技术能够为之提供有力支撑,引起了越来越多的关注。

如表 4.1 所示,显然,与传统电网相比,智能电网在很多方面都表现出色。简而言之,智能电网可以通过以下方式提高能源使用率。

表 4.1 智能电网和传统电网的区别

传统电网	智能电网
机械化	数字化
单向通信	双向通信
集中式发电	分布式发电
单向网络	互联网络
使用少量传感器	涉及大量传感器
机械操作	数字化运营
手动控制和监控	自动控制与监控
有限操作	控制范围广泛
未考虑安全和隐私问题	更加安全和注重隐私
系统中断风险	系统自适应保护
能源与电力同时产生和消耗	具备存储能源系统
有限制的控制	控制系统
突发事件响应慢	快速响应事件能力
标准化客户服务	定制化客户服务

(1) 能源监测和管理：智能电网可以通过网络连接和传感器技术对能源进行实时监测和管理，包括能源的生产、储存、分配和消费等环节，从而提高能源利用效率；

(2) 能源交易和调度：智能电网可以通过市场化的能源交易和调度机制，实现能源的高效分配和利用，促进清洁能源的发展和应用；

(3) 能源智能控制：智能电网可以通过智能控制系统，对能源进行精细化管理和控制，实现能源的高效利用，减少浪费和损耗；

(4) 能源协同管理：智能电网可以通过协同管理系统，将不同类型的能源进行协调和管理，如风能、太阳能、地热能、生物质能等，从而实现能源的互补和共享。

4.2.2 世界各国发展情况

随着科技的进步和时代发展的需求，智能电力系统现在受到了全世界越来越多的关注。在美国和欧盟，来自政府、国家实验室、企业、各种贸易协会和学术界的组织正在研究和确定智能电网的要素。2007年12月，"智能电网"的概念被写入美国能源独立与安全法案，提升至国家立法的高度。2002年，意大利开启了"Progetto Telegstore"项目，目前已安装了超过3 000万个智能电表点，覆盖近100个家庭。在挪威、瑞典、芬兰和丹麦，智能电表的普及率在50%以上，预计还会继续增长。

其他国家包括澳大利亚、加拿大、中国、英国、韩国和日本等国政府也在陆续开展智能电网试点项目，以减少碳排放和保障能源安全。

"智能电网2020"计划是澳大利亚政府提出的发展智能电网的重要政策。该计划的目标是在2020年前建立起覆盖全国的智能电网系统，从而提高能源供应的可靠性和效率。为实现这一目标，政府投入了大量资金，推广应用新技术，提高电网的可持续性和可靠性。除此之外，"南澳大利亚智能电网项目""昆士兰智能电网试点项目"等试点项目通过引入先进的技术和智能化管理系统，来提高电网的智能化程度和能源利用效率。

此外，澳大利亚还大力推广可再生能源的应用，特别是风能和太阳能发电。政府通过制定有利于可再生能源发展的政策和补贴措施，鼓励企业和个人使用可再生能源发电，并逐步实现对传统能源的替代。这也为智能电网的发展提供了更加可持续的能源基础。

加拿大在智能电网领域也投入了大量的政策和资金。2006年，加拿大政府通过《2006年节能责任法》立法，强制要求2010年前在安大略省为企业和家庭安装智能电表[14]。同年，政府还向一个为期四年的智能电网项目投资了3 200万美元，用于研究与管理可再生能源相关的问题。目前，魁北克省和安大略省正在开展不同的试点项目。为了促进智能电网的发展和普及，加拿大还成立了一个包括学术界和所有利益相关者的行业协会，即"加拿大智能电网"（Smart Grid Canada）行业协会，负责研究并制定与智能电网相关的政策。协会得到了政府的支持，囊括不同层级的政府实体，如加拿大自然资源部、国家能源委员会和国家智能电网技术和标准工作组。其中，国家智能电网技术与标准工作组专为智能电网而设立，目的在于协调各方，参与省级政府支持，发展智能电网。

加拿大政府在2011年发布了《加拿大智能电网战略》文件，其中包括了针对智能电网的长期发展战略和具体措施。这些措施包括支持智能电网相关的研究和开发，改进现有的电力网络，推广智能电表和智能电器，建立智能电网相关的标准和规范，加强对智能电网的监管等。另外,2013 年在魁北克省的智能电网进行试点项目,旨在探索智能电网技术在魁北克省电力网络中的应用和优势。该项目主要包括建设智能电网基础设施,开展实验和测试,推广应用等。目前,该项目已经取得了显著的成果,为魁北克省电力网络的改善和提高提供了重要的支持。

英国利用低碳技术,在电力行业大力推进风电、水电、光伏、碳捕捉和储存技术的应用,依托智能电表、电网管理系统等手段,加快智能电网建设,推动传统行业运行模式的低碳转型。在整个欧洲国家中,英国光伏市场起步较晚,但政策丰厚,是光伏发电的最大生产国之一。伦敦低碳机构将光伏、智能电表、电动汽车和热泵等多项技术与配电系统相结合,以减少碳排放。世界上第一个低温储能解决方案作为试点项目在英国雷丁实施。同样,在爱尔兰,能源监管委员会成功地为家庭和企业完成了安装 9 000 个智能电表的工作。

中国在智能电网领域的发展一直处于较为积极的态势,政府和企业均在此方面加大了投资和研究力度,相比美国和欧洲等其他国家更重视输电环节的建设。

国家能源局于 2015 年发布了《智能电网建设规划(2015—2020 年)》,明确提出到 2020 年,全国智能电网建设要取得突破性进展,2025 年实现全面建设。2016 年,国家电网有限公司发布了《国家电网公司"十三五"规划》,明确了智能电网建设的重要性和战略地位,提出了建设智能电网的具体措施和技术路线。2018 年,国家发展和改革委员会、工业和信息化部、国家能源局联合发布了《智能电网建设行动计划(2018—2020 年)》,提出要加快智能电网建设,推进新一代信息技术在电力系统中的应用,推动电力生产和供应侧结构性改革。

除了政策支持外,中国也进行了很多智能电网试点项目,2019 年年底,大兴机场智能电网项目正式投入运营,该项目采用了大量新一代信息技术,实现了对电力设备的远程监控和控制,提高了电力系统的可靠性和安全性;在四川省成都市,建设智能电网试点项目,并采用了大量新一代信息技术,实现了对电力设备的远程监控和控制,同时结合了新能源的接入和储能技术,实现了能源的高效利用和优化分配;湖南省长沙市智能电网试点项目,采用了大量新一代信息技术,结合了新能源的接入和储能技术,实现了能源的高效利用和优化分配,同时还采用了智能配电、智能计量等技术,提高了电力系统的智能化程度。

美国联邦政府对于发展智能电网颁布了很多政策进行支持[16],2009 年美国政府推出智能电网计划,旨在通过应用信息技术、通信技术和能源技术,改造美国传统电网,建设智能电网,实现能源的高效利用、减少碳排放和提高电力供应的可靠性和安全性。智能电网计划包括投资 10 亿美元用于研究和开发智能电网技术,支持智能电表和能源管理系统的安装,鼓励电力公司采用可再生能源等清洁能源,并建设能源储备系统等。截至目前,智能电网计划已经为美国电力系统的现代化带来了显著的改善。另外,美国政府在 2013 年提出能源自由和就业法案,旨在鼓励能源的分散化和去中心化,支持电力市场的竞争和创新,促进清洁能源的发展和应用,推动智能电网的建设和运营。该法案提供了一系列的激励措施,包括对清洁能源的税收优惠和补贴、减少智能电表的费用等,以吸引更多的投资和技术创新进入智能电网领域。

除了美国联邦政府,各地方政府也各自提出智能电网的规划,美国很多州和城市都制定了自己的智能电网规划,以适应当地的能源需求和特点。例如,加利福尼亚州在 2018 年发布了短期和长期的智能电网规划,计划在2030年之前实现100%的清洁能源使用。纽约市则在2017年推出了一项名为"一亿美元太阳能"(One Million Solar)的计划,旨在鼓励市民使用太阳能电池板。

4.2.3 智能电力系统发展现状

电力系统能否成功取决于其是否满足客户的需求,其核心衡量标准是可靠性,这意味需要一个缺陷更少、错误更少的持续供电系统。传统电网在可再生资源相互作用、微电网和需求响应方面存在问题。特别是这些网格的规模和复杂性随着需求不断增加,分析其可靠性变得更加困难。但智能电力系统很好地解决了这些问题,它能够监控和存储所有数据,并估计其服务可靠性,远程监控电网的混合发电和管理,从而提高整个电网的可靠性。也就是说,随着通信系统的进步,智能电力系统可以检测到任何故障并允许系统及时自我修复,具有更好的可靠性。

智能电力系统为需求方/用户提供了与电网之间的双向交互方式。一种新的消费调度技术正在解决未来的电网问题,在这个电网中,不同消费者的峰值负载各不相同,电网的实时售价不同,每个消费者都可以通过安排自己的需求来获得经济激励、错峰用电、售卖空余时段的富余电能,使得配电系统自发根据需求进行相应的调度。如此一来,智能电力系统不仅有效提高了需求方的使用效率,还有助于提高分销端的销售效率。它通过减少电力需求或将电力需求转移到替代方案,帮助电网在高峰期减少需求和压力,同时也为消费者提供了更经济节能的消费方式。目前,大量投资正涌入智能电网的相关领域,包括需求侧资源整合、负载管理系统和能源效率计划。

智能电网的发展也带动了家电领域和公用事业领域相关智能设备的革命。这些智能设备具有与电网通信的能力,提高了房屋的自主性,方便用户高效使用电力。比如智能家居电器改变了家庭用电需求。不同的网络协议能够与家庭能源管理系统中涉及的所有利益相关者进行沟通和协调,如ZigBee允许用户对家用电器进行无线控制,从而为用户提供最佳的用电解决方案。因此,智能电网正在助推传统家电智能化升级换代。

配电系统的自动化主要依赖智能自动电表的双向通信来实现。这些电表配备了用于自动化、电能质量监控和停电通知的传感器。对分销商而言,它们提供了更准确的计费系统;对消费者来说,它们有助于精准控制电能使用。传统的电网系统的通信在不同级别的配电中成本效益低,特别是在公用事业端。而智能电网使用高级计量基础设施(advanced metering infrastructure,AMI)进行数据通信,可收集消费者数据,同步提供从电网到公用设施端的通信网络,提供实时解决方案。也就是说,AMI能够实现消费者与配电系统的结合,实现停电管理、电动汽车和智能设备的集成,实现变压器和馈线的监控和故障隔离,最终实现大型电网的现代化。研究人员利用AMI设计了一种变电站自动化系统(substation automation system,SAS),能够实现电力分配自动化,通过本地控制措施解决拥堵问题,且对可再生能源的限制最小。

可再生资源发电,如太阳能、风能的发电站点位于人烟稀少或偏远地区,缺乏一个完整的功能电网来传输或分配电力,实际更多使用电池存储设备供给本地使用。这些分散的微电网需要聚集在一起,融入配电主网之中,实现电力能源的有效配置。另外,这么多的微电网和源产生了大量的待处理数据,人们需要使用智能系统来综合解决这些问题。

一个强大的智能电力系统既能实时诊断电网中发生的故障，还可以消除故障以获得稳定可靠的电力供应。它使用安装在整个电网中的实时通信和数字组件来监控电网的电气特性，找出由大自然因素或人为错误引起的潜在问题，并对此类异常立即做出反应，及时隔离相关分支系统以免问题扩散，导致严重停电；同时在错误被删除之前，自动重新寻找可替代解决方案，以保障电力传输的连续服务。也就是说，依靠实时监控和反应、预测问题以及快速隔离，智能电力系统具有了自愈能力。

4.2.4 相关新技术发展

传统电力系统非常复杂，对它的分析和控制主要依靠物理建模和数值计算。随着可再生能源和微电网的强势渗透，传统电网在向智能电力系统的过渡过程中，整个电网系统暴露在日益复杂的自然环境中，叠加已有的陈旧的基础设施，不确定性增加。加上通信网络建立在电力系统之上，因此智能电力系统必须实时处理大量、高可变数据，这是不小的挑战。尽管人们已经研究提出了人工智能算法的鲁棒性、适应性和在线处理等数据驱动的方法来解决这些问题，但许多严峻的挑战仍然存在，主要包括以下内容。

(1) 可再生能源的整合

可再生能源的可变性和不可预测性给电网的稳定性带来了巨大挑战，比如风电功率输出通常会突然且频繁地变化。

(2) 保护数据安全和隐私

考虑到智能电力系统中大量不同设备的使用和双向通信，与传统电力系统相比，它更容易受到网络攻击，因为它直接暴露给恶意用户。根据电力研究所的数据，系统的网络安全是智能电网的最大问题之一。人们开发了许多新的安全技术来快速识别网络风险、虚假数据注入、系统数据盗窃、电力盗窃等。然而，当前智能电网中的网络协议、操作系统和物理设备仍然有可能使系统面临各种各样的攻击。当前用于智能电网网络安全的 AI 解决方案也还在安全性和性能之间寻找平衡点。

(3) 大数据快速存储和分析

如何继续稳健地提高人工智能应用程序的性能，实现智能电网大数据的存储和检索，也是一项重大挑战。

(4) 人工智能算法的可解释性

目前，人工智能算法面临的一个障碍是它们都有黑盒问题，是不可解释的，这就导致了 AI+智能电网的局限。人工智能技术的发展极大地影响了人工智能在智能电网系统中的部署。我们在将它们应用于智能电网之前，应考虑每种方法的限制。

人工智能技术涉及电网领域可以由图 4.4 表示出来。

由于很难完全将这些技术完全展示出来，因此，本节将罗列一些与智能电力系统相关的、突出的和有代表性的技术。

1. 能源管理系统

从检测电力产生直到终端设备消耗，智能电网具有前所未有的监控能力，将深刻改变电力价值链的游戏规则，比如家庭能源管理系统，它利用 APP 与家居内的智能电表、智能电器、电动汽车和传感器交换监控数据，成为消费者访问定制能源服务（例如需求响应、绿色电力溢价、能源监控等)的门户,而无须执行日常和复杂的能源管理决策[17]。月底的电费可能会详细说明洗衣机使用周期、电视观看时间、空调提供的舒适度等通过电力提供的服务内容,而不是单纯的电力消耗度数,从而帮助消费者合理选择和安排自己的能耗服务。此外,智能电网将从发电来源(可再生能源或化石能源)、消耗时间(白天/夜晚)、供应优先级(关键/非关键电力服务)、电能质量(低/高谐波失真)等方面对电力配售进行区别。电力供应商可以根据消费者的能耗状况对消费者进行细分,并为之提供量身定制的电力供应,同时将商业价值附加到电力的"属性"(例如电能质量溢价、绿色电力溢价)及其所提供的服务上,以满足消费者的实际需求、偏好和经济限制,而不是简单地供应电能。这是一个根本性的视角转变,智能电网开辟了将增值定制服务捆绑到电力商品的途径,有助于扭转电力行业传统的消费驱动模式,真正实现按需供应、节能环保。

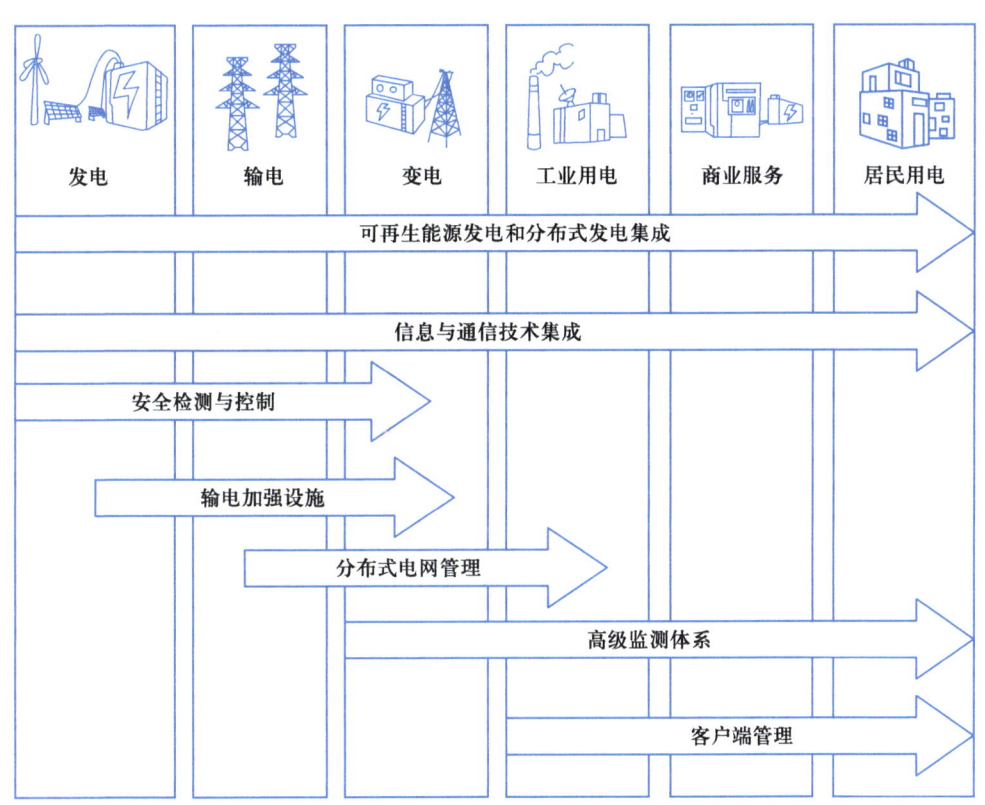

图 4.4　人工智能技术涉及电网领域

2. 智能电表

智能电表是下一代智能电力系统的核心组件,它将信息技术融入电网,建立了能源利用和用户之间的关系[18]。智能电表是消费者赋权和智能家居能源服务市场腾飞的关键推动力。它们将用于计费、量化实时消耗和发电量,测量电能质量,更新即时电价。智能电表通过适当的方式从客户那里收集数据,交由公用事业公司分析、管理,同时反馈给消费者,帮助他们更好地了解自身的能耗模式,为他们更有效明智地使用电力提供建议。需要注意的是,智能电表必须实施智能适当的控制,以避免通信延迟的负面影响。

智能电表数据的首要目的是计费计量和电网管理,在消费者同意的情况下,家庭能源管理系统可以获取更广泛的数据集,建立详细的消费者档案,开展营销。消费者能源概况数据可以包括消费者的能源偏好和行为(负载灵活性和活跃需求历史、绿色意识水平、尝试新服务或投资微型发电的意愿)和个人电器消费。基于个性化数据,供销商可以开发代表性的能耗套餐,根据消费者的特定需求定制能源服务。

3. 物联网

物联网(IoT)将互联网带入进化的下一步,它通过计算和通信功能将整个世界挤压成一只手,使生活更轻松、自动化和方便。智能电网需要利用物联网技术来以高效、可靠和更智能的方式与自身的组件进行交互。物联网为客户提供的连接性增强了他们的体验和效率。它允许客户灵活轻松地与电网进行交互,以便通过诊断和邻域范围的抄表功能降低成本。简而言之,它使智能电网更加智能。

但物联网技术也出现了一些严重的安全问题,比如冒充、数据篡改、过度行为、授权、隐私问题和网络攻击[19]。人们必须解决这些问题,目前,物联网基础智能电网通过身份验证、机密性、用户隐私和数据完整性等服务来避免安全风险。

4. 电动汽车并网

车辆造成的碳排放和气体污染是目前城市最大的环境问题之一,大力推广电动汽车的使用有望解决这个问题。电动汽车数量日益增长,充电是个大问题。这给电动车和电网的交互带来了不少挑战,包括基础设施建设、通信和调控。大多数情况下,电动汽车在家中、在公共或商业充电站充电,这些直接给配电网络带来了新压力,尤其在用电高峰的夏季。有学者提出,如果电动汽车与电网的整合得到良好规划并遵循为其设定的标准,那么电动汽车的储电能力有可能提高电网的电力质量和性能[20]。充电是车联网技术的重要组成部分。人们在充电和放电领域已经做了很多研究。对电动汽车而言,智能电力系统在通信、智能电表和调控方面提供了更先进的技术,电动汽车在其中不仅扮演了耗能的终端负载角色,还可以被视为灵活的储电装置。智能电表具有双向通信能力并监控实时数据,可以帮助电动汽车实现智能调度,优化电网中的可用功率。电动汽车对电网可以反向补充电力,在此过程中,人们利用智能电表预测电力系统的动态。同时,了解电网的动态行为对于预测使用车辆到电网(vehicle to grid, V2G)技术时电网的可靠性和有效性至关重要。

5. 大数据

数据是网格的眼睛,也是骨干。为了使智能电网可靠和高效地工作,需要从发电、输电、转换和电力利用中收集大量数据。电网做出的所有决定都取决于它。在智能电网的自主功能中,它也起着关键作用。智能电网技术中的大数据面临许多挑战,包括从存储到可视化和安全性。研究人员还专注于如何将数据组合成信息和有益的应用[21]。在无线传输和通信环节,从发电到用户终端,智能电网通过传感器收集大量数据并不断积累,建立能源大数据库。能源大数据不仅包括从智能电表收集的数据,还包括与天气和环境相关的大量数据。人们为分析能源大数据开发了不同的算法和模型,用于建立模型预测或者识别电力利用的模式,从而建立智能能源管理系统。但仍然存在一些与大数据相关的主要问题有待解决,例如:IT基础设施、数据收集和治理、数据处理和分析、数据集成和共享,最重要的是安全性和隐私性。

6. 负荷/负载预测

随着太阳能、风能和潮汐能等可再生能源的高度整合,智能电网的调度和运行的不确定性变得越来越具有挑战性。负荷/负载预测作为保持电力系统稳定和智能的关键环节之一,对于现代电力系统的规划和运行至关重要。如果负载是不稳定的,那么准确地预测对于降低生产成本和节省电力是非常有帮助的。

根据预测变化的周期,负荷/负载预测可以分为三个级别:

(1) 短期预测,通常预测从几分钟到几小时的负载变化;

(2) 中期预测,通常预测从几小时到几周的负载变化;

(3) 长期预测,它可以预测多年的负载变化。

此外,负荷/负载预测还可能受到各种其他特征的影响,例如天气、时间、季节、事件、客户类型和学术安排。通常,中长期预测根据功耗的历史数据进行建模,考虑的因素有气候、天气和人口统计数据等。短期预测侧重在实时控制、能量传输调度和需求响应等方面,对于调度安排开停机计划、机组最优组合、经济调度、最优潮流、电力市场交易有着重要的意义。负荷预测精度越高,越有利于提高发电设备的利用率和经济调度的有效性。中长期预测可用于规划未来的发电厂并显示电力系统的动态。

7. 网络安全

智能电网融合先进的计算和通信技术,通过在电网中增加信息层,提供双向能量流和数据通信,将分布式绿色能源与电网相结合。然而,由于智能电网系统的复杂性和通信技术的固有弱点,智能电网面临许多安全问题。特别是随着自动化程度的提高,对电力系统的远程监控和控制使电网更容易受到网络攻击。根据电力研究所的数据,电力系统的网络安全是威胁正常工作的最大问题之一[23]。

智能电网网络攻击最可能的结果是运行故障、同步丢失、供电中断、高额经济损失、社会福利损失、数据盗窃、级联故障和完全停电[22]。常用的攻击包括虚假数据注入攻击和分布式拒绝服务。准确、快速地检测安全问题或攻击是电网系统稳定运行的先决条件。安全性是智能电力系统发展中具有挑战性的问题之一。为了评估智能电网的安全性,还需要建立完善的评价体系对其进行审查。由于安全性被认为是实施智能电网技术的最大障碍之一,所以有很多学者正在进行相关研究,希望解决这个问题[24-25]。

4.3 人工智能应用

智能电力系统是一种能够根据不同的电源和电力需求进行智能管理的系统,它可以利用微处理器、智能电子设备和传感器来实现预测性维护和高级诊断,以确保安全、稳定、可靠和设备寿命。智能电力系统可以应用于多个领域,如钻井、电机驱动、无人机等,其可以通过自动化软件、储能系统等方式来降低排放、节省燃料和减少发动机运行时间[26]。目前,人工智能技术已经广泛应用于电力系统。

4.3.1 巡检输电线路无人巡检

输电线路杆塔作为输电线路中的关键载体,分布广泛。传统的人工检测一般具有安全性差、管理困难、效率低、响应速度慢、实时性差等劣势。现在有了无人机技术,无人机具有体积小、重量轻、运输方便等优点,可取代人工实现无人巡检。多旋翼无人机是一种利用多个旋翼来产生升力和控制力的无人机,是目前最为常见的无人机,它可以通过改变不同旋翼的转速来调节姿态和速度,实现在空中精确的悬停、转向和移动。其操控灵活、起降方便,适合低空低速飞行,非常适合长距离的电力线路巡逻。它还可以利用倾斜摄影、激光雷达点云和其他技术来补充探测,识别隐藏在线路通道中的树木和房屋等异物的分布。图4.5展示了无人机自主规划巡检路径。

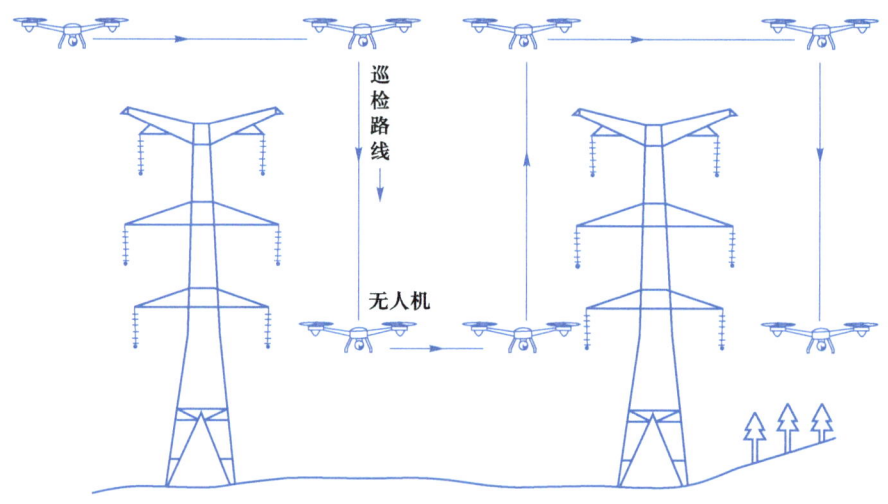

图 4.5 无人机自主规划巡检路径

长距离巡逻对路线、速度和视角要求较高,路线优化设计是其中的关键之一。当无人机应用于高山等地区时,其高度会随着地面变化而出现快速起伏。如果无人机保持轻微抖动,相机拍摄的照片可能会因拍摄距离的变化而模糊或者相关数据可能失真;如果无人机快速调整飞行高度,则可能会造成飞行危险甚至炸机。因此,无人机需要具备自主规划巡检路线的能力,从而在复杂变化的环境中安全完成作业。除此之外,图像智能识别也是很重要的技术。一方面,在野外陌生的环境中,无人机通常需要自主识别飞行路径上的障碍,避免碰撞;另一方面,输电线路上可能存在一些异物,比如缠绕在电线上的风筝、气球等,冬天时还可能形成冰凌,这就要求无人机快速识别异常并进行汇报。

世界各地的许多公司已经采用无人机进行电路检查。美国杜克能源公司在太阳能站点上空驾驶装有红外摄像头的无人机进行电气测试,通过热成像检查可以帮助技术人员在起飞后几秒钟内识别出故障设备,自2017年该公司使用这项技术以来,不到一年的时间就节约了将近260个工时。另外杜克公司还使用无人机检查高层设备,无人机可以飞到顶部并从多个角度拍照并进行放大,更容易看到风力涡轮机或瓷绝缘体上的裂缝等小缺陷,完美取代了爬电线杆、使用直升机、使用相机或望远镜等传统方式,降低了风险并节约了人力。无独有偶,法国 Voltalia 公司使用无人机检查了中东 800 千米的电线,SBES 公司在土耳其利用无人机检查发电厂,除了提高检查的准确性外,这些发电厂有可能降低人类触电的风险。一些体育赛事也利用无人机进行巡回检查,在 2020 年世界一级方程式锦标赛越南大奖赛上,无人机被用来检查赛道以确保道路按照标准建造并保障没有障碍物或危险路段。在国内,2022 年北京冬季奥运会系列活动的电力保障工作也有无人机的参与,北京昌平供电公司采用"多旋翼+固定翼"无人机相结合的方式,实现对保障通道的自主巡视,共排查三类隐患共计 16 处,保障了输电线路 15 条、直供线路 1 条,共包含 584 个基杆塔的正常运行,并开创了海拔 500 米以上山区无人机巡检的新技术。

4.3.2 电网负荷与天气预测

电网公司生产水平的维持依赖于电网负荷和天气之间的关系,如图 4.6 所示。电网负荷是指电网能够满足使用电网的电力公司的需求量。天气是影响电网负荷的主要因素,因为暴雨、雪、冰、热和风等极端天气事件会导致停电或浪涌,进而损坏电力设备,给电网带来压力,并导致安全或可靠性问题。2011 年 7 月的美国东海岸热浪,由高湿度和异常高温共同造成。这一天气事件导致电网负荷大幅增加,并导致几个州的电网过载,导致几次大范围停电,持续数天。2021 年 2 月的美国得克萨斯州停电,当时极端寒冷的天气导致得克萨斯州电网负荷出现前所未有的激增,导致多次连续停电和服务中断。这一不利天气事件给电网带来了巨大压力,给受影响的公司带来了巨大的额外成本。

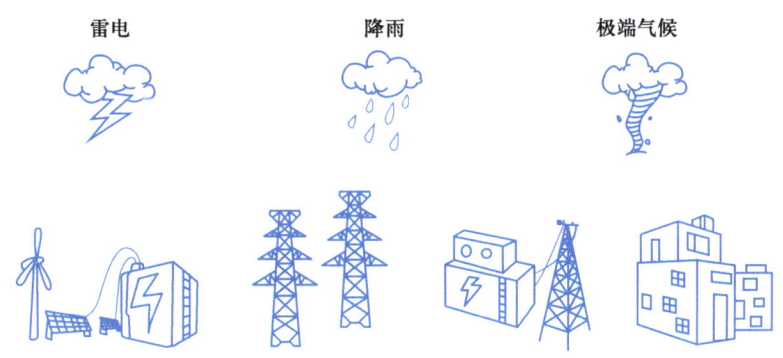

图 4.6 天气预测对电网负荷的影响

精确的天气预报是管理电网负荷的有力工具。通过精确的天气预报,电力公司可以预测温度的波动,并有充足的时间针对极端气候现象做出安排,调整电网负荷,以确保可靠的电力供应。

美国 IBM 公司使用基于计算机建模的天气预报来预测 2015 年新英格兰的一场严重冬季风暴。他们为该地区的公用事业公司提供了风暴严重程度和时间的准确预测,帮助他们防止停电并相应地管理资源。微软还使用数据驱动的天气预报来帮助电力公司在高峰负荷期间更好地管理资源。通过使用先进的分析工具,他们能够预测高需求期的可能性,使电力公司能够做好相应的准备。同样,甲骨文公司使用预测模型来预测高峰负荷情况,并推荐积极的节能方法,帮助电力公司做出更好的准备,快速有效地应对高峰负荷需求情况。中国电力科学研究院建设了首个用于电力系统生产运行的数值天气预报运行中心,并依托该中心部署了新能源发电功率预测、电网气象灾害预警、电网洪涝灾害预警等业务应用系统,目前主要面向电力安全生产的各个环节、不同业务对气象的需求,提供面向电网不同环节的定制化、精准化气象预报预警,保障电网安全稳定运行。2021年11月上旬,系统精确预测了一股从西北向东侵袭我国的强冷空气,各方提前采取合理措施以应对寒潮和雨雪冰冻等极端天气,避免了大范围停电事故。

随着世界向更可持续的能源系统迈进,诸如风、光等能源被大量使用。新能源电网严重依赖太阳能、风能和水力等可再生能源,这些能源容易受到极端天气的影响。使用核能、煤炭和天然气等传统能源,无论外部条件如何,能源生产都可以保持相对一致。然而,可再生能源在很大程度上依赖气候条件才能可靠地提供电力。太阳能的发电依赖于太阳光。在阴天,太阳能发电场无法产生所需的电量,导致电力短缺。同样,需要强风使风力涡轮机旋转来发电。如果没有合适的风速,涡轮机的产量就会下降。此外,暴雨和洪水可能导致水力发电厂的故障。新能源电网也更容易受到自然灾害的影响。野火、飓风和台风可能会对能源流动造成重大破坏,尤其是在太阳能发电场、风力涡轮机和水力发电厂所在的地区。这可能会对能源生产产生巨大影响,从而导致潜在的停电和中断。

通过分析气象历史数据和实时监测数据,在总结分析区域性风能和光能的基础上,可以在局部尺度上优化风能和光能配比,进而减少新能源出力的波动性[27]。所以准确和有分辨率的天气和气候预测对于下一代电力生产系统的成功至关重要。由于气候,特别是长期气候的不可预测性以及能源需求的必要性,必须确保任何电力生产系统都准备好最新的气候预测和天气数据。建造这种类型的电力系统需要全面的数据收集、解释,以及对天气模式和气候科学的广泛理解。为了取得成功,在收集和解释数据时需要高水平的准确性和分辨率。这些数据还必须与其当前与电力系统的相关性相关联。通过这样做,电力生产商可以更好地预测和准备潜在的天气变化,并就如何在各种气候下最好地利用可再生能源做出更好的决定。通过利用大数据的力量,电力生产系统可以利用大量的天气和气候数据,更好地为决策提供信息。这将确保在预测未来电力生产及其对环境的影响时达到最高水平的准确性。通过利用数据驱动的预测方法,电力生产系统可以做出更明智的长期投资和决策,为系统、客户和环境带来成功的结果。

4.3.3 电网调控人机交互

当前电网调度系统在决策环节仍大量依赖于调度人员的个人经验,在实际调度环境下,调度人员需要依从各类文本形式的稳定、保护及操作规定以及其他文本形式预案中的规程进行决策。然而,随着电网规模不断扩大以及伴随而来的电网运行特性变化,电网调度运行控制也变得日趋复杂,进而导致调度人员对于电网的感知能力弱化,以经验和人工分析为主的调控手段在故障处置等方面越发不足。在上述背景下,了解人机交互的含义变得越来越重要。这包括研究控制系统中可能发生的错误和故障的潜在风险,以及性能和可靠性提高的潜在积极结果。在考虑电网调节中的人机交互时,重要的是要考虑自动化的影响和随之而来的潜在改进。自动化系统可以减少管理复杂任务所需的人工工作量,并可以降低人为错误的风险。此外,自动化系统可以实现更快的数据处理和更好的性能,从而实现更高效的电网运行和更高的可靠性。

随着自然语言处理、知识图谱等技术的快速发展,由商业互联网公司开发的成熟人工智能技术用于解决电网智能辅助决策问题已逐渐可行。对于电网调度而言,各类文本形式的规定拥有调度专有的名词以及表达方式,自然语言处理技术可以通过建立调度专业词语的语料库和语义模型,对操作规定、预案等文本形式的数据进行信息提取、推理与总结,最终形成计算机可识别的机器语言和决策结果,如图4.7所示。

针对电网企业调度工作中重复性强、外部协作困难、故障处理不科学等业务痛点,华中电网与谷歌、IBM、百度等领先人工智能公司合作,建设集"语音广播、人机交互、智能检索、安全控制、故障处理"等功能于一体的智能调

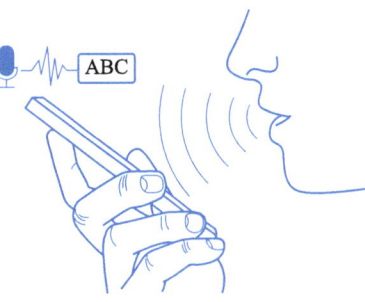

图 4.7　人机交互助力电网调度

度辅助平台。该平台为访问调度大厅和培训调度员进行电网调度工作提供服务,通过智能处理故障信息和查询操作数据,显著提高了工作效率,减少了工作量。该平台通过优化多个实际场景的应用,为电网故障处理提供有效解决方案,为电网调度部门的日常运营提供有力支持,凸显了华中电网对创新和效率的承诺。

电网正在发展,调度机构的任务是确保电网以最佳方式运行。随着机器学习和人类参与的进步,这些机构可以改进与电网相关的知识图谱,从而增强决策过程背后的智能。知识图谱是这一决策过程的基础,为调度机构提供了电网当前状态。该图谱通过机器学习和人类参与进行更新。机器学习分析现有数据并提供见解和建议,而人类则评估影响并提供专业知识。机器学习和人类参与的共同努力对于确保用于决策的知识图谱是准确、最新和全面的至关重要。这种不断改进知识图谱的过程对于电网保持可靠和高效是必要的。此外,调度机构必须与其他利益相关者合作,确保电网跟上最新技术的发展。这种合作对于电网跟上时代的变化,并进一步加强决策过程是必要的。最终,电网调度机构负责电网的高效运行,并需要确保用于决策的知识图谱不断发展。通过利用机器学习和人类参与的力量,他们可以继续改进知识图谱,确保电网的可靠性和效率。

4.3.4　尼斯电网项目

尼斯位于法国东南部阿尔卑斯省,2011年11月,法国配电公司(ERDF)牵头设立的尼斯智能电网项目(Nice Grid)是欧洲第一个智能太阳能示范项目,目标是在4年之内测试、创新电力管理解决方案。

尼斯处于输电网络的外围,通过单一的输电走廊(高压电线)与大规模电网相连,在热浪和酷寒等极端天气中,这根线路上电压常常超出负荷,因此被称为国家电力系统的电力半岛,这为其电力供应带来结构性问题。在这种背景下,尼斯对城市和划区进行了分析,希望通过分区限电和可再生能源(如光伏)发电来缓解这样的困境。

尼斯拥有充沛的可再生能源——太阳能,但是太阳能不仅具有间歇性的特点,而且也比较分散,此外本地发电仅占消费负荷的百分之十[28]。在峰值负载下,该地区容易受到单一应急情况的影响。为了保障尼斯地区的供电安全,阿尔斯通公司(Alstom Grid)承担了尼斯

电网项目,该项目也是欧盟委员会资助的六个智能电力系统示范项目之一。该项目将测试智能电网在可再生能源整合、电动汽车开发、电网自动化、储能、能源效率和减少负荷方面的能力。该项目的测试区位于尼斯郊外的卡罗市小镇(Carros),当地 1 500 名居民和企业消费者参与了该项目。阿尔斯通公司为该项目提供了智能管理解决方案和最新的 Max Sine TM 储电变电解决方案,以满足能源储存的需要。

在夏天日光充足的时候,从法国尼斯到西班牙边境的整个地中海海域能够产生可并网的间歇式和分布式能源约 2 000 MW,这相当于两座核电站的发电量。因此,当地电网需要解决的首要难题是如何容纳这么大的可再生能源。尼斯电网项目的主要解决方案是设有独立光伏发电能力和储电设施的微电网,能够在短时间内脱离电网独立工作;同时建立一套网络能源管理器,在微电网之间建立可靠的交互通道。

在这个方案中,用户不再是孤立于能源分配的终端,能源管理器赋予用户更多选择的权利,包括在用电低峰和低电价时期,将微电网生产的电力存储起来,并在高峰时段出售。除此之外,能源管理器 Max Sine 提供了连接电池和高压、低压电网并控制能源储存数量的关键,它根据电网的整体电力需求来判断是为电池充电,还是向外供电,建议用户在用电高峰时期主动降低用电,从而减少对电力运营商法国输电公司(RTE)的电力需求。

在调度层面,管理人员可以通过管理器监控影响电网运营的信息和条件,如天气预报(光照预报)、消费模式以及电网技术约束等,能够高效地确保整体管理的顺利进行。智能电网解决方案可以将区域网络中的堵塞在用电高峰期降至最低。因此,它将显著减少该区域的整体碳排放,同时提升当地居民的生活质量。

4.4 本章小结

电力需求日益增加,新增的电力负荷和复杂的电力生产源给电力系统的运输、调配带来了巨大的挑战,在这种情况下,常规的稳定性分析和控制方法无法奏效。大数据的背景下,人工智能不断发展、进步,电力系统与时俱进,智能电力系统应运而生。人们利用新技术新设备改进能源的利用效率,以实现经济、环保、节能、绿色的能耗模式。智能电力系统通过提高电力输送的可靠性、效率和质量,为传统电网和消费者对能源利用的行为带来巨大变化,实现电网的可观察性,创建资产的可控制性,增强电力系统的性能和安全性,减少碳排放并与更多可再生能源组合优化能源配置,满足未来的能源利用需求。今后,智能电力系统将以更大的灵活性和更有效的方式改变配电领域的格局。

习题

1. 与广泛使用的常规能源相比,新能源主要指什么?

2. 智能电力系统的核心领域覆盖范围包括哪些?
3. 简述智能电力系统中将采用哪些新技术以及它们的作用。

习题参考答案

本章参考文献

第 5 章　智慧建筑与人工智能

随着世界范围内煤炭、石油、天然气日益枯竭,节能与低碳环保的理念逐渐变成引领当代社会发展的新风尚。"十四五"时期我国生态文明建设进入以降碳为重点的战略方向,降碳具有重要的战略意义和实践意义,是促进经济发展和生态文明建设的重要途径。生态文明建设进一步推动绿色低碳发展,通过优化产业结构、提高能源利用效率、推广清洁能源、建设低碳城市等措施,实现经济发展与环境保护的良性互动,推动中国经济由高速增长向高质量发展转型。同时,中国已拥有全世界最大的建筑市场和建筑产业,正处于建筑与基础设施发展的重要阶段。智慧建筑可以通过对建筑设施和设备的智能化控制,实现对能源的高效利用和管理。同时,智慧建筑还可以通过数据的采集、分析和处理,为建筑能耗的监测和管理提供有效的支持。智慧建筑的发展为节能提供更加高效的手段和途径,而节能则可以为智慧建筑的可持续发展提供坚实的基础和支持。智慧建筑行业围绕双碳政策的基础来推动其自身的发展。在国家加强双碳目标的背景下,建筑行业也将更多地关注节能减排和绿色建筑的发展,这将带来更多的市场需求和政策支持,为智慧建筑产业的发展提供机遇和动力。

5.1　智慧建筑的发展历程

5.1.1　自动化:从"传统建筑"向"智慧建筑"转变

智能化时代以前的传统建筑,追求设计艺术和物理系统的优化。随着经济社会的不断发展,人们对建筑设计的外观、水准、安全、环境、功能等方面的期望越来越高(图 5.1)[1],开始将智能融入建筑结构,在建筑业和房地产业广泛应用智能化技术和智能管理技术,对建筑不断进行数字化、智能化的升级改造[1,2]。

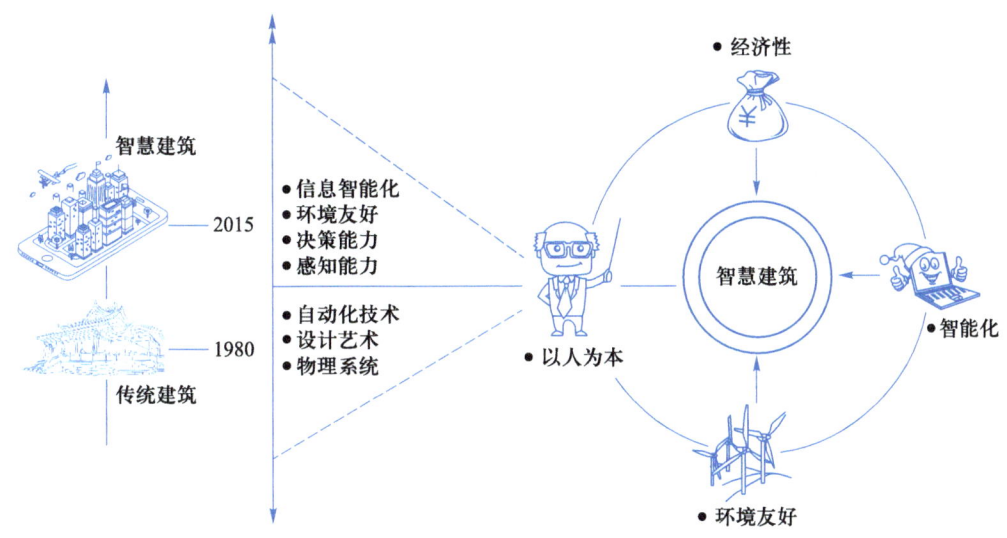

图 5.1　从"传统建筑"到"智慧建筑"的转变

智慧建筑(smart building)的概念是指利用现代化的信息技术手段对建筑设施、设备、用能等进行智能化控制,以提高建筑的能源效率、舒适性、安全性、可持续性等方面的综合性能,同时还可以提供更加智能化的服务和管理。1985年美国芝加哥市中心建成了世界上第一座智慧建筑——都市办公大楼。

都市办公大楼是一座110层的摩天大楼,高度达到了442米,是当时世界上最高的建筑,也是世界上第一座采用智能化控制系统的大楼。这座建筑的智能化控制系统可以控制楼内的电梯、空调、照明和安全系统等,实现自动化调节和节能控制。都市办公大楼的外立面采用了玻璃幕墙,能够有效地减少热量损失,保证楼内的温度稳定。此外,大楼还配备了先进的太阳能板和风力发电机等设备,利用可再生能源为楼内提供电力,实现了可持续发展的目标。作为世界上第一座智慧建筑,都市办公大楼的设计理念和技术应用,不仅改变了建筑行业的面貌,也对全球的可持续发展和环保意识产生了深远的影响。此后,世界各国都在大力推动引进和建设众多智慧建筑,智慧建筑也获得了广泛的关注[3]。如日本在1985年8月建成了第一幢智能大楼——本田青山大楼。

智慧建筑是一个发展中的概念,早期的智能技术概念实际上是现代自动控制技术的充分体现,只是当时人们对于智慧建筑自动化技术的了解不多,对于自动化建筑提供的各种便利服务比较陌生,因此将这种带有自动化管理和控制系统的建筑理解、命名为智慧建筑。严格意义上说,2000年以前的智慧建筑实际上是以自动化技术为核心的非智慧建筑。

进入21世纪以后,人类正式跨入信息社会,人类将自动化建筑与现代信息和通信技术、人工智能技术、可持续发展、绿色建筑等新兴概念相融合,建筑才真正进入智能化发展阶段。近十年来,人工智能技术不断进步,如AlphaGo、IBM类脑超级计算机平台、图像识别等领域均实现突破性进展,算法体系和通用算法包不断完善,为智慧建筑的发展提供了新的增长点和驱动力。可持续发展概念和低碳生活等生活方式的兴起,为智慧建筑增加了新的内涵,智慧建筑的理论与发展逐渐走向成熟,智慧建筑的时代已经来临。

5.1.2 环境友好：从建筑节能发展为"建筑生态化"

1. 建筑节能

21世纪以来,世界人口快速增长,城市化进程加快,资源萎缩,全球变暖等问题接连出现,给人类社会发展带来了不小的挑战。建筑消耗了大量的能源资源,包括电力、燃气、水等。建筑能耗占据了全球总能耗的40%以上,是全球温室气体排放的重要来源。而且随着城市化进程的加速,建筑面积的不断扩大,建筑的能耗也随之增加。因此,建筑节能是保障全球能源安全、实现可持续发展的必要手段。通过采用节能材料、节能技术、节能设备等手段来减少建筑的能耗,不仅可以节约能源资源,降低环境污染,还可以降低建筑运营成本,提高建筑使用价值[4]。

建筑是高耗能行业,所消耗的资源如材料、能源、人力和土地巨大。如图5.2所示,2016年,中国建筑能源消费总量为8.99亿吨标准煤,占全国能源消费总量的20.6%;全国建筑总面积为635亿平方米,城镇人均居住建筑面积为34平方米;建筑碳排放总量为19.6亿吨CO_2,占全国能源碳排放总量的19.4%[5]。随着城镇化的进一步发展,城市建设带来的能源消耗和环境破坏将十分惊人。

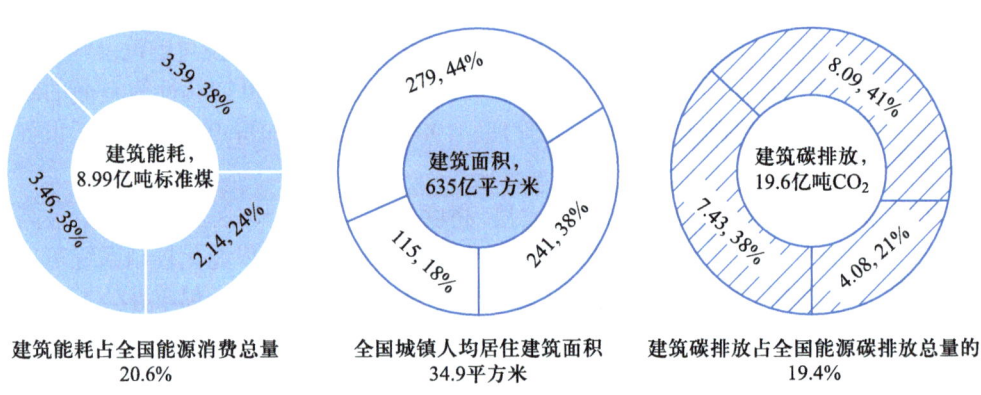

图5.2 中国建筑能耗(2016年)[5]

历史上,建筑结构的功能经历了三个发展阶段:庇护、舒适和健康。第一阶段的建筑就地取材,使用最少或不使用能源,第二、第三阶段逐渐增加能源消耗,加剧了对环境的不利影响。随着人们对全球生态环境的关注和可持续发展理念的深入,建筑现在正向着第四个阶段——建筑生态化阶段推进[6]。

2. 建筑生态化

所谓建筑生态化,是指在建筑设计、建造、使用和拆除等全生命周期中,通过减少对自然环境的影响、提高建筑能效、提高室内环境质量等措施,使建筑与自然环境协调共生,达到可持续发展的目的[7]。简单而言,它是更便宜安全、更健康舒适、更便利有效益、更自然无公害的智慧建筑。其理念适应了我国经济社会快速发展和建设社会主义生态文明的需要[8]。

建筑生态化涉及多个方面,包括建筑节能、建筑节水、建筑节地、建筑垃圾减量等。在建筑节能方面,可以采用节能材料、智能化控制系统、太阳能、地源热泵等技术措施,提高建筑能效。它广泛使用可再生能源和其他未被充分利用的能源,如有效搜集和利用建筑物附近的太阳能、风能等,减少建设和运营过程中的环境破坏,降低建筑物对环境的影响,促使建筑物与环境构成一个和谐统一的有机整体。建筑生态化的实践需要各个环节的参与和协同，包括政策支持、设计创新、建造管理、使用维护等方面，是一个系统工程。建筑生态化的实践可以提高建筑的环保性能和社会效益，推动建筑行业的可持续发展。

因此智慧建筑不是单纯技术推动的产物，在很大程度上，它是一种对人居环境之间关系进行调整的解决方案，是迫于资源枯竭和环境退化问题而必须进行产业升级的新发展模式。环保节能和可持续发展的理念是智慧建筑在未来发展的重要推动力量。

5.1.3　智慧建筑概念的形成

智慧建筑是指采用物联网、云计算、大数据、人工智能等技术手段，实现建筑物智能化、自动化、信息化和网络化，提高建筑物的能效、舒适性、安全性和可持续性。中国在"十三五"规划中提出了智慧建筑的发展目标，力争到2030年智慧建筑渗透率在50%以上。智慧建筑是建筑行业信息化和节能减排的重要手段，可以促进建筑节能，降低碳排放，提高使用效率和减少浪费。

欧盟委员会认为智慧建筑可以提高建筑物的能源效率、舒适性、安全性和可持续性，并且可以推动欧盟实现2030年的气候目标。欧盟委员会还发布了相关的政策和指南，以促进智慧建筑的发展和应用。其中，2014年发布的《欧洲智慧建筑行动计划》提出了未来十年欧洲智慧建筑的发展目标和政策框架。

美国政府在2010年推出的"智慧建筑计划"（smart building initiative），旨在鼓励并支持政府和私人部门在建筑设计、建造、运营、维护和升级等方面采用智能技术和节能策略。该计划的目标是通过提高建筑的能源效率、优化室内环境、降低运营成本等方式来实现建筑的可持续性发展，同时也为经济发展和就业创造新的机会。为了实现这一目标，美国政府鼓励企业和学术机构开展研究和开发新的智能建筑技术，同时也提供了一系列的政策和资金支持，包括联邦税收抵免、节能补贴、研究基金等。此外，美国政府还成立了"智慧建筑委员会"，以促进各部门之间的合作，共同推动智慧建筑的发展和应用。

德国联邦经济和能源部在其"能源转型与智慧建筑"白皮书中提出了一系列措施。德国政府还设立了"智慧建筑德国"（smart building Germany）计划，旨在促进智慧建筑技术的创新和应用，并为企业提供技术和市场支持。此外，德国在智慧建筑领域也有很多创新型企业和科研机构，例如法兰克福能源管理研究所（Fraunhofer Institute for Energy Economics and Energy System Technology）等，这些机构致力于研发智慧建筑相关技术和产品，为行业发展提供了有力支持。

在企业方面，阿里巴巴公司提出智慧建筑将成为一个感知永远在线的"生命体"，一个有大脑的自我进化智能平台，一个人、机、物深度融合的开放生态系统，可以结合一切为人类服务。它是利用新组织生产方式的开放生态系统，能够实现群体智能，为用户创造最大的价值。同时它作为全面感知、自适应、可进化的"生命体"，能够构建人—机—物深度融合的开放、绿色和高效智慧建筑生态系统。

上述定义互有差异，智慧建筑的概念也在不断完善，定义其在整个建筑生命周期要充分贯彻"节能环保"和"可持续发展"的理念，一改之前只侧重智能化而忽略了环保绿色内核的概念聚焦，建筑设计的环境友好性获得了世界越来越多的关注。智慧建筑的发展涉及多个方面，包括建筑设计、材料应用、设备选型、能源管理、智能控制等。智慧建筑的理念落实，可以进一步提高建筑的能源利用效率、降低建筑的运营成本、改善建筑的舒适性和安全性、保护环境、提升城市品质,从而实现可持续发展。全球各国都在积极推进智慧建筑的发展和应用,将其视为建筑行业的未来发展方向[5],[7]。

　　智慧建筑是一个不断变化和发展的概念。本书认为,智慧建筑是建筑智能化与生态化的有机统一,能够为用户提供高效、舒适、便捷的人性化建筑环境,以达到环境社会与生态的最佳平衡,如图5.3所示。智能与绿色是智慧建筑的核心特征[9]。

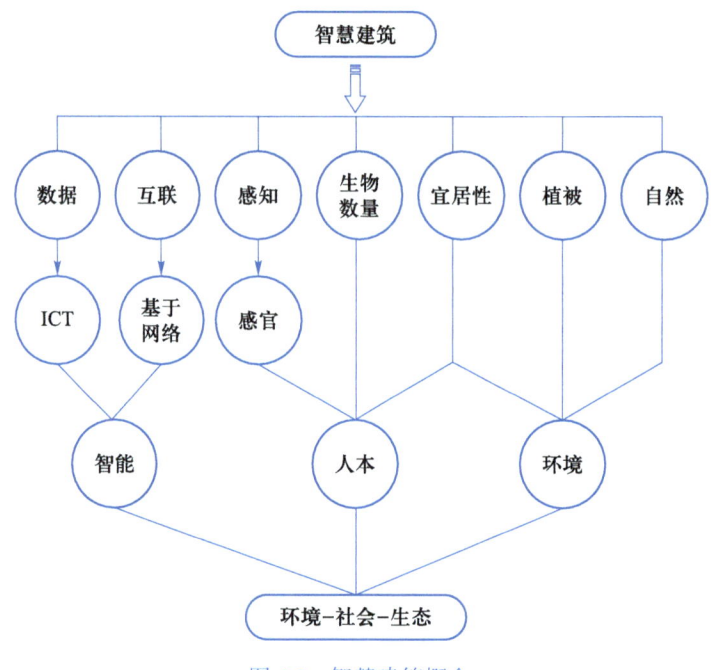

图 5.3　智慧建筑概念

5.1.4　为什么要发展智慧建筑

　　智慧建筑为何如此重要?或者说,除了国家战略上宏观的发展优势,站在消费者、企业的角度,我们为什么需要发展智慧建筑?智慧建筑与传统的自动化建筑有一个重要的区别,那就是不只关注"用户生活质量"和"用户需求响应"等,而是站在人与环境和谐相处的角度,越来越重视建筑全生命周期的"环境友好""节能""绿色发展"等特性。这表明智慧建筑将带来多重效益,主要体现在以下几个方面。

　　1. 环境方面

　　从环境的角度来看,智慧建筑具备低能耗、建筑材料环保、低碳排放、水资源可持续利用、低废弃物排放和零污染、可持续建筑选址等优势。

　　2. 经济方面

　　在商用市场,智慧建筑的发展潜能不容忽视,相关领域从业者已经认识到智慧建筑的设计与制造过程具有极高的成本经济效益:低电力、水资源成本、相对高的建造成本、低生命周期成本以及投资高回报。

3. 更高目标：智慧城市

智慧城市通过应用信息和通信技术、物联网、云计算等先进技术手段，将城市各个方面进行智能化改造和升级，包括城市交通、智慧能源、智慧环保、智慧治理、智慧公共服务等方面，实现城市的可持续发展。智慧城市的建设要坚持为人服务理念、建筑与自然和谐相处观念，遵循节约化、生态化、人性化、无害化、集约化等基本原则，通过提高能量效率、融入智慧城市建设来创造健康、舒适、方便的生活环境的未来建筑发展方向，从而为用户提供多样、个性化、精准化的服务[5]①。

有预测表明，到 2025 年，智慧建筑的市场将达到万亿元规模②。面对这一庞大的市场，如何将人工智能、大数据、云计算等新兴技术融合应用到智慧建筑的建设中，最终实现绿色化建设、智慧化运维，提升用户体验，需要我们开展广泛深入地研究与实践[10]。

5.2 智慧建筑的发展现状及趋势

5.2.1 经济效益与国家战略

国际市场研究机构研究与市场（Markets and Markets）的一份最新的市场报告指出，许多国家将大幅增加对智慧建筑的投资。魔多智库（Mordor Intelligence）发布的《2020—2025 年智慧建筑市场：增长、趋势和预测》报告显示，北美继续保持全球智慧建筑市场最大的地区地位，但亚太地区已成为增长最快的地区[11]。

美国政府于 2015 年推出白宫智慧城市行动倡议（Smart Cities Initiative），旨在推动城市数字化转型，提高城市的可持续性、安全性和效率。这项行动倡议建议通过建立智慧城市创新中心来促进城市创新，为城市创新提供技术支持和经济支持；通过促进数字基础设施的建设，包括无线网络、传感器等设施的建设，提高城市的数字化水平；通过提高城市服务的效率和质量，提高城市居民的生活品质，包括提高城市交通、环境、安全等方面的服务。白宫智慧城市行动倡议的推出，促进了美国城市的数字化转型和智慧化建设[12]。

随着气候能源计划目标的推行，浪漫之都法国巴黎也将在不久的将来拥有崭新独特的地标建筑——"2050 巴黎智慧城市"项目。该项目由八座类型风格各异的多用途绿色智慧塔楼组成，分别是山体大楼、防烟雾污染大楼、光合作用大楼、竹网结构大楼、蜂巢状大楼、"立体农场"（farmscraper）大楼、红树林大楼和桥式大楼，是巴黎市政厅为应对全球变暖，针对巴黎住房紧缺和人口密度的大问题，而设计建筑的主动式节能环保大楼，每一种类型都在稠密的大都市城市结构中融入了自然和可再生能源元素，致力于解决影响各地区主要的

---

① 根据中国建筑节能协会智慧建筑专委会发布的《智慧建筑评价标准》定义：以建筑为载体，以智慧应用为目标，依托建筑综合服务平台，实现建筑数据的全面感知、推理、判断和自我决策，通过对设施及环境空间的自进化和自适应管控，构建人、设施、环境互为协调的整合体，从而提供具有安全、高效、节能、舒适人性化功能环境的建筑。

② 根据国际市场研究机构研究与市场（Markets and Markets）发布的报告，全球智慧建筑市场规模预计将从 2020 年的 663 亿美元增长到 2025 年的 1 089 亿美元，期间年复合增长率为 10.5%。

可持续发展问题,同时为城市提供关键功能。相比巴黎政府,荷兰政府更为急切,《2040年兰斯塔德战略议程》(Randstad Strategic Agenda 2040)计划将整个兰斯塔德地区建为智慧城市,希望借此拥有更强的可持续发展能力和竞争力[13]。

日本发布超智能社会5.0政策,明确提出将日本打造为世界最适宜创新的国家,最大限度应用信息通信技术(information and communications technology,ICT)。韩国发布"数字首尔2020计划",指导城市在数字化城市、数字经济、市民体验以及全球引领等方面的工作[13,14]。新加坡于2014年发布"智慧国2025",希望通过ICT改善人们的生活,创造更多的机会。智慧城市的建设将为智慧建筑产业提供大量的商业机会和强劲的市场潜力[13]。

推动市场增长的另一个重要因素是环保问题。当前建筑能耗已占到全球能源消耗总量的30%左右,随着能源成本的迅速增加和环境问题不断引起广泛重视,各国对建筑物自身的节能和环保的功能越来越重视。绿色节能将成为智慧建筑未来发展的主要趋势之一。为进一步减少建筑能耗,美国计划在2050年以前,实现所有新建建筑都在净零能耗概念的基础上建造。同时,美国也针对已有建筑进行改建,推出多种新能源效率措施。欧盟《建筑能效指令》及其修订版加强了对低能耗建筑的发展要求,要求到2050年,所有新建建筑都必须成为近零能耗建筑。日本颁布法案,意在改善新建筑的能源消耗性能[14]。

随着全球各国政府加强可持续性和能效法规的推行,智慧建筑市场将迎来更多机会。智慧建筑产业的飞速发展自然带动相关高新技术产业的发展和应用。建筑信息模型(building information model,BIM)技术已经成为建筑业最常用技术。英国政府投资17亿英镑完成的"2016至2020年建筑战略",是将三维建筑信息模型(3D BIM)融入所有工程项目中,目前已节省约4亿英镑[8]。BIM技术在公共建筑项目的建设中已经成为必需品,英国、芬兰、丹麦、挪威和荷兰都将BIM技术作为建设要求的一部分。可以预见,智慧建筑将成为21世纪的重要产业部门,带动其他行业发展。

5.2.2 智慧建筑的实现技术

在技术实现方面,智慧建筑需要配电、照明、电梯、安防、通信等智能自动化系统,也要充分考虑"以人为本"、回归自然、节能减排。传统自动化建筑依赖分布式控制理论,当代智慧建筑更多依赖人工智能计算理论——"AI+智慧建筑"可以应用于建筑设计中的结构、材料、环境等方面,通过算法和数据分析来优化建筑设计方案,提高建筑的能源利用效率和环境适应性。另外,AI还可以监测和分析施工过程中的数据,及时发现和解决问题,提高施工效率和质量,提高建筑的安全性和舒适性。AI+智慧建筑的应用还可以扩展到建筑的智能化管理和服务方面,通过智能化服务提供更加个性化的服务等。AI可以帮助智慧建筑实现建筑的智能化、节能化、安全化和舒适化,为人们提供更加优质的居住和工作环境,同时也可以促进建筑产业的发展和创新。借助以下技术手段,智慧建筑实现了相对应的5项功能特征[15]。

全面感知和开放共享:为达成对所有智能设备和系统信息的互联互通和远程共享,充分感知、可靠传输、智能处理来自建筑内外的人、物、环境的各种信息,实现物与物、人和事的有效连接,进而智能识别、定位、跟踪、监控、管理,智慧建筑采用了开放互联的应用系统,使有完善的、融合的、一致的网络,数据以统一的协议标准在共享平台上准确、高效传输。这样就能实现行业内外数据信息的实时互联互通,进而共享智慧建筑和智慧城市所有公共信息资源。

自主学习:智慧建筑通过采集大量的数据,并利用人工智能技术进行分析和处理,不断挖掘有用信息并做出响应,从而实现对建筑系统进行自主学习和优化。这种自主学习的特征可以使智慧建筑系统在不断变化的环境中保持高效地运行,提高建筑的能源利用率和维护效率。智慧建筑能根据反馈信息不断调整自身属性和功能,进而达到自组织协同、自寻优进化。

智慧化与个性化服务:通过大数据分析等技术手段预测和判断用户行为,对建筑内部环境、设施设备等进行实时监测、数据分析、预测预警和智能控制,从而实现建筑的智慧化管理和提供个性化的服务[2]。然后通过控制系统自动调整相关家电的服务,并且通过移动终端、公共显示、三维模型等装置,与用户互动交流,提供个性化服务,精准满足用户需求,打造最适合用户的家居系统。

安全高效:利用物联网技术,智慧建筑可以通过传感器和监测设备实时监测建筑的环境和设备运行情况,及时预警和处理故障,提高建筑的安全性和舒适性。此外,借助技术更先进、管理更科学和综合集成度更高的控制系统,使得用户的居住管理更加简化、高效,生活更加舒适、便捷。

绿色节能和持续发展:智慧建筑作为一个具有完整生命周期的建筑,从规划设计、建设、运营、维护到最终拆除的所有阶段,必须考虑绿色概念。应用循环经济理念,实现建筑废弃物的再利用,减少对环境的负面影响,同时提高资源的利用效率。这就需要利用智能、生态、低碳和节能技术最大限度地为建筑业提供可持续的发展模式,推动建筑领域的智能化、绿色化和可持续发展。

综上所述,智慧建筑中的"AI+"将人工智能技术、工业互联网、现代通信、区块链、量子计算等对 AI 形成支撑的新一代信息技术(new generation of information technology,NEW IT),这些都属于国家战略性新兴产业,应用于建筑设计、施工、运营和维护等方面,以提高建筑的智能化、节能化、安全性和舒适性。智慧建筑系统与实现技术举例如图 5.4 所示,该例给出了一种常见的楼宇智慧建筑系统的组成。

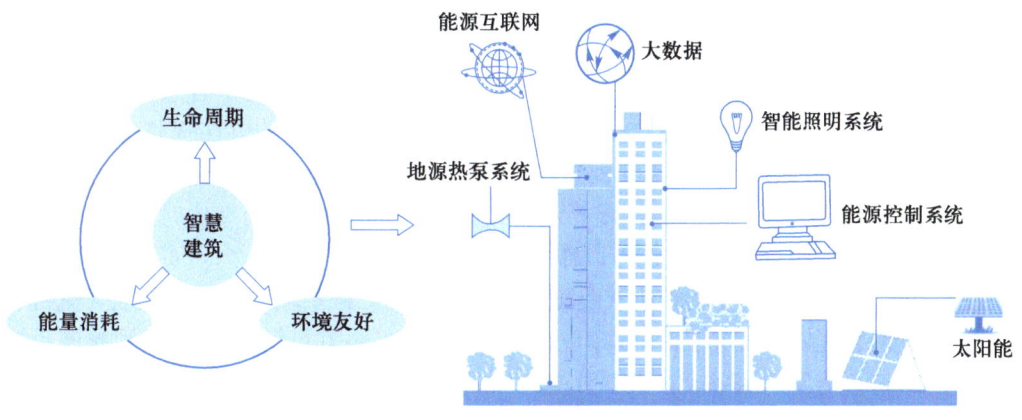

图 5.4 智慧建筑系统与实现技术举例

5.2.3 人工智能技术在智慧建筑中的应用

图 5.5 给出了智慧建筑在环境、经济、创意和社会四个维度上的关键词,其中,环境维度

强调可持续发展;经济维度强调依靠自动化技术进一步解放双手,更为高效地创造效益;创意维度以新兴技术如互联网、大数据等为依托;社会维度则强调人与自然的和谐相处与发展。四者通过人工智能技术实现统一,人工智能技术是智慧建筑的核心支撑。

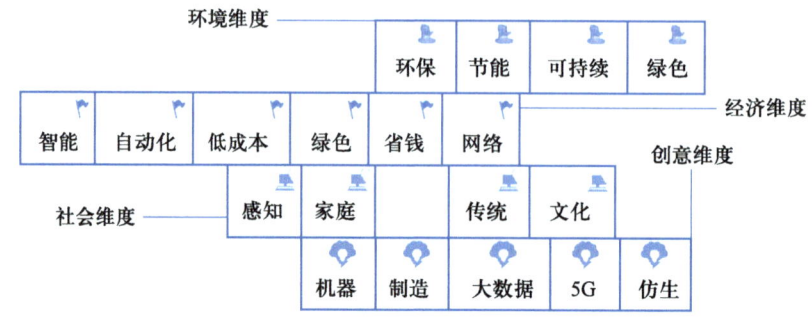

图 5.5 智慧建筑关键词

这是因为,在数据大爆炸的现在,想要实现环境、经济、人类的协调统一,就必须存在一个能够处理环境变化数据、建筑实时数据、人群时间空间变量数据的中心。类似于想要身体做出正确、复杂的反应,必须依靠大脑来统筹指挥,而人工智能技术就是智慧建筑的大脑,它能以极高的效率和准确率统筹处理各种各样的数据和变量。

智慧建筑的构成庞大而复杂,如果单纯依靠人力进行监控和协调,一方面反应速度慢、人力资源成本高,另一方面不可避免会出现各种各样的问题,增添不确定变量,而人工智能对此完全胜出。一是它拥有远超人类的计算能力和处理能力,可以处理庞大的数据;二是面对突发状况,人工智能响应快,不存在疲劳期,能够第一时间发现并处理,极大地提高了安防效率,降低了人工成本;三是更为重要的,人工智能将原本互不统一、各自分离的各个部门、各个区域进行有机融合,取消了级与级、区与区之间的层级通报,形成一个空间上分离、时间上一体的整合体。智慧建筑借助人工智能真正成了生命体。

智慧建筑的另一个有力帮手是日渐成熟和多元化的机器人技术。其中,机器人家族的新兴成员——半自主或全自主工作的服务型智能机器人,是最适用于智慧建筑的机器人。在智慧建筑系统的操控下或按照自身的设定,服务型智能机器人能够在智慧建筑中运输物品(物流)、清洁卫生(保洁),并承担安保工作:如在建筑内的日常移动巡逻,加大智慧建筑的监控范围;当所在地区发生火灾、地震等灾害或发生人员摔倒、踩踏事故时,它可以帮助报警,指挥人员有序避难、撤离。它还可以作为前台进行人性化接待工作,负责迎宾、咨询等。

在智慧建筑里,技术应用将带给人温暖舒适的体验。人工智能根据人员着装、人流密度等调整大厅温度,智能协调灯光、停车场车位、人群行进方向等,并借助语音播报、视频展示等提供更加贴切、符合需要的服务。在人工智能的加成下,服务机器人从多个方面取代了人工,提高了建筑的智能化程度:如提供更加多样、准确、个性化的信息,满足人们对信息的更高需求;更进一步,取代智能楼宇管理师,完成系统的检测、修理以及调试,大大降低其维护修理成本。

智慧建筑人工智能技术具体应用如下:

(1) 识别建筑物各设备的行为模式,并进行分类聚合异构数据源以提供优化建议并支持决策制定;

(2) 预测维护、改进运营、优化成本、有效利用可再生资源和能源储存；
(3) 建筑规划、建筑结构、建筑施工、工程管理 AI-assisted 调试或无须调试，全自动化；
(4) 基于 AI 优化，根据不同的外部环境和大楼人员，自主调整控制策略，无须人工干预；
(5) 停机预测和停机响应，停机威胁侦测及回应；
(6) 根据建筑物中的安装基础和已安装产品现状，为终端用户提供个性化推荐；
(7) 同类型建筑之间相互"学艺"，学会如何更好地管理自己。

智慧建筑产业的发展从人工智能角度看主要依赖三个方面：
(1) 人工智能算法的开发；
(2) 计算机算力的进一步提升；
(3) 物联网、大数据等理论的进一步完善和发展。

智慧建筑将从以下方面发力技术改进：
(1) 软件方面：一是使 AI 核心算法在结构上更加接近人脑，二是在训练学习上更加类人，模型和方法的探索和改进是关键；
(2) 硬件方面：主要是开发适合大规模机器学习的计算芯片，例如深度学习加速器等。

5.2.4 智慧建筑应用场景举例

场景1：超越几何——全球最大改性塑料3D打印建造体（图5.6）

3D打印是一种使用粉末状金属或者塑料等可黏合材料按照输入的数字模型逐层打印的快速成型技术，其被广泛应用于智能制造领域。2020年11月11日，南京欢乐谷主题乐园东大门正式投入使用，这也是全球最大的改性塑料3D打印建造体，无论是设计还是建造过程都是前所未有的，使用建筑机器人高效、精准地完成了超尺度、高维几何建造体的改性塑料3D打印，这种传统建造方式无法实现的独特造型不仅在形象上成为当地的特色标志，在功能上也连接了前广场和主题乐园，实现了完美的空间过渡。

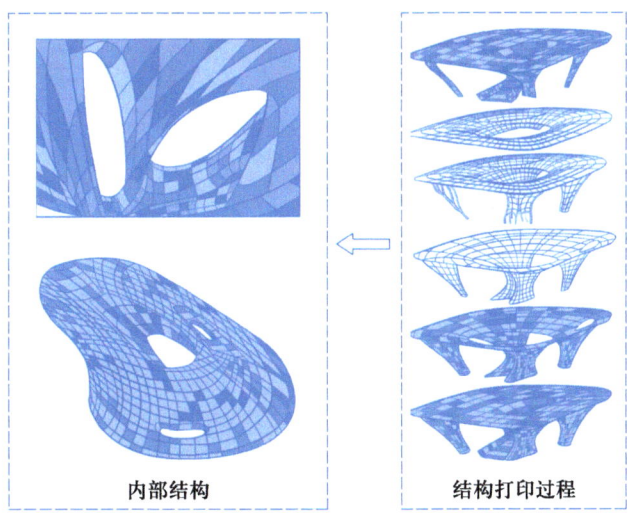

图5.6 超越几何——全球最大改性塑料3D打印建造体

场景2：香港九龙ZCB（零碳建筑）

2012年建成的九龙ZCB（zero carbon building，零碳建筑）是亚洲地区首个以零碳为目标的智能建筑，是香港城市大学所建造的标志性建筑物之一，也是亚洲地区低碳生活与环保意识的先锋代表。该建筑旨在通过先进的技术和创新的设计来最大限度地减少碳排放，保护环境和节约能源，如图5.7所示。在建筑设计方面，该建筑注重可持续性和环保性。该建筑的外观由多个不同角度的平面组成，以利用阳光和风力。此外，大厦立面上种植了大量的植物，通过垂直绿化的方式，增加了建筑的绿化率，提高了空气质量。建筑内部的设计也注重绿色环保，包括绿色建筑材料、自然采光和通风、太阳能板和地源热泵等能源节约措施。这些被动的设计措施与目前的建筑行业的标准参数相比，预计可以减少20%的能源消耗。大厦还配备了智能化控制系统，可以监控建筑物的能源使用情况，获取来自上千个检测点的能耗、用水、房间占用率、室内空气质量等信息，并通过自动化调整、优化等方式提高能源利用效率。此外，大厦还采用了先进的冷却塔技术，能够在最大程度上减少建筑物对环境的负面影响。该建筑的节能设计使其能够在不影响使用体验的情况下，最大限度地减少能源消耗，从而降低碳排放和环境影响。被动的设计措施与高能效主动系统结合在一起，该建筑的发电量目前已能够满足其自身需求，实现"零能耗"。仅仅是零能耗是不够的，打造这样的建筑是为了通过产生比其自身所需的电量更多的电量，来抵消其建设过程中所需材料的碳

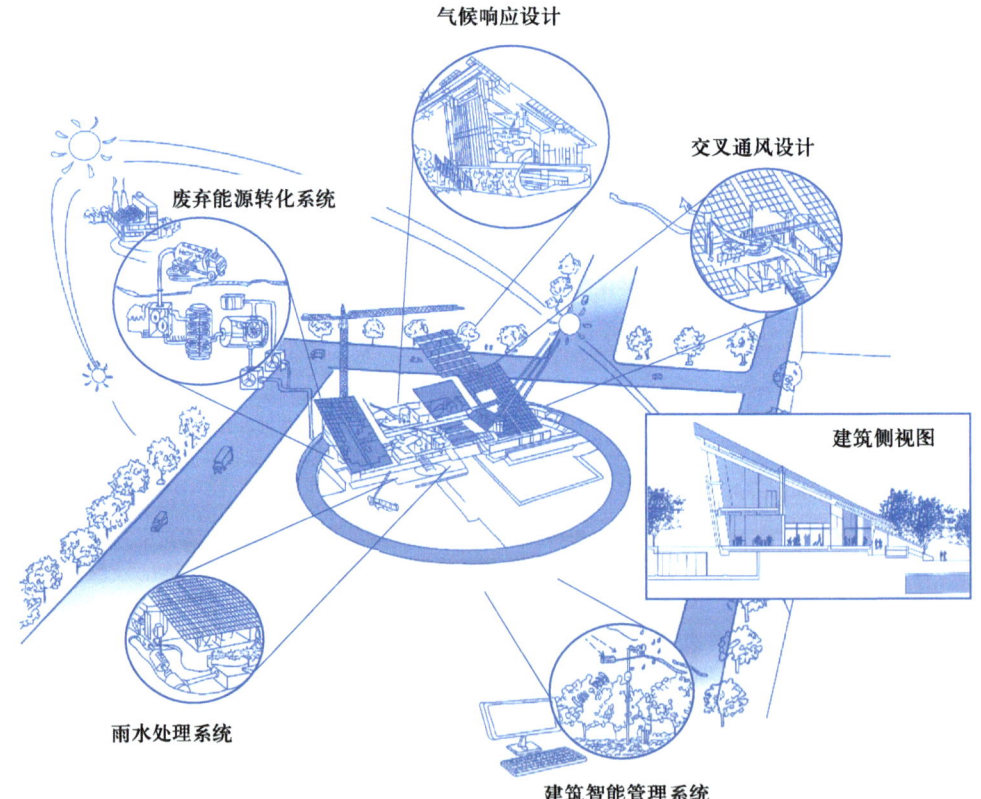

图5.7　香港九龙ZCB大厦

排放实现超能,因此该建筑采用了第三代生物柴油和国家最先进的光伏技术等可再生能源为其提供能量。除了技术方面的优势,九龙 ZCB 内设有展览室、讲座厅等公共设施,向公众普及环保知识,推广低碳生活方式。这种教育和宣传的方式,为公众提供了更多关于可持续发展和环境保护的信息,引导人们更好地理解和支持低碳生活方式。

5.3 从智慧建筑到智慧城市

5.3.1 城市化带来的挑战

城市化是人类社会具有现代城市特征演化的历史过程①。第二次世界大战之后,世界各国迅速步入了工业化进程,全球政治、经济和技术出现了巨大变革;城市发展的深度和广度得到了极大提升。当下,全球城市依靠 2% 的土地占有率聚集了世界 50% 的人口,资源、生产、工业等都高度密集,贡献了世界 GDP 的 80%,而且城市人口和 GDP 的占比还在不断增长。

总体而言,现代化的都市发展呈现出以下特征[16,17]:

(1) 城市成为人类的主要聚居区。二战之后经济快速发展,加快城市化进程,大量农村人口涌入城市,已有城市规模不断扩大,区位聚集作用明显,形成了大城市和超大城市②。上海、墨西哥城、圣保罗等超大型城市相继诞生。同时,由于城市规划理念的落后,出现城市发展不合理的现象,城市病问题涌现,产生了逆城市化和再城市化的潮流。

(2) 现代化城市具有较好的综合功能。工业集聚、规模不断扩张,城市职能日益复杂化,成为第三产业和高新技术的中心,是世界经济联系网的基本结点。同时随着工业化、社会化的发展,城市对生态支持体系提出了越来越高的需求。

(3) 城市的空间结构发生重大变革。初期,城镇的面积不大,主要是生产区与居住区相邻,区域划分不明确。在现代化的都市发展过程中,城市的职能划分越来越清晰,并且有了一些规律,例如:中央商务区、居住区、郊区工业园区等。

"城市病"是指随着快速城市化,城市人口远超合理人口,城市居住环境变得恶劣,随之产生的诸多问题,这在发展中国家的大城市尤为突出。这些城市问题主要有以下四大类型[17]。

(1) 城镇居民问题:城镇居民数量剧增,城市的自然承受能力已经超过了极限,难以养活如此之多的人口,城市新贫困频发。而随着人口老龄化的到来,人口结构对城市化的消极影响日益显现。比如,在我国,人口老龄化是城市发展的一个根本问题。随着城市化进

---

① 城市化,又称城镇化,是指随着一个国家或地区社会生产力的发展、科学技术的进步以及产业结构的调整,其社会由以农业为主的传统乡村型社会向以工业(第二产业)和服务业(第三产业)等非农产业为主的现代城市型社会逐渐转变的历史过程。城市化是多维的概念,城市化内涵包括人口城市化、经济城市化(主要是产业结构的城市化)、地理空间城市化和社会文明城市化(包括生活方式、思想文化和社会组织关系等的城市化)。

② 根据国务院于 2014 年下发的《关于调整城市规模划分标准的通知》,城区常住人口为 100 万至 500 万的城市为大城市。城区常住人口为 500 万至 1 000 万的城市为特大城市。城区常住人口为 1 000 万以上的城市为超大城市。

程加快,一方面,农村老年人口随子女进城,进城务工的农民工逐步老龄化,大量老龄人口进入城市;另一方面,农村也出现了大量留守老人、空巢老人。而在城市里,人口老龄化对劳动生产率、储蓄率和人力资源影响巨大,一方面就业人口减少,人口红利渐渐消失;另一方面,医疗、养老等资源吃紧;加上现代家庭承担养老功能弱化,最终造成城市化发展动力不强。

(2) 城镇建设配套问题:城市的人口增长过快,对城市的支持(如公路、给水、电力、排污能力)和对居住空间、大气、林地、矿物等的需求与日俱增,导致了城市的能源紧缺和支持体系的负荷增大。

(3) 城市的环境问题:城镇人口稠密,工业设备密集,人类的工业生产和生活活动严重污染了环境,不利于人类健康和城市发展。加上缺乏有效的管理措施,生态环境问题迅速蔓延,严重损害了城市周围的生态系统。

(4) 城市的社会性问题:庞大的都市人群抢夺有限的工作岗位,形成了激烈的市场竞争和高失业率。同时,居民收入差距悬殊,引发心理不平衡、社会责任感下降、人情淡薄。

总体而言,城市是一个社会文明发展到一定程度上的一个重要指标,它是一个人类文化最优秀、最集中的地方。在当代都市发展的大背景下,城市所肩负的责任日益凸显,城市治理的要求更高。智慧城市(图 5.8)把新一代的信息化技术和都市发展紧密结合起来,是一种全新的都市发展观念,适应了现代化都市发展的大潮流。

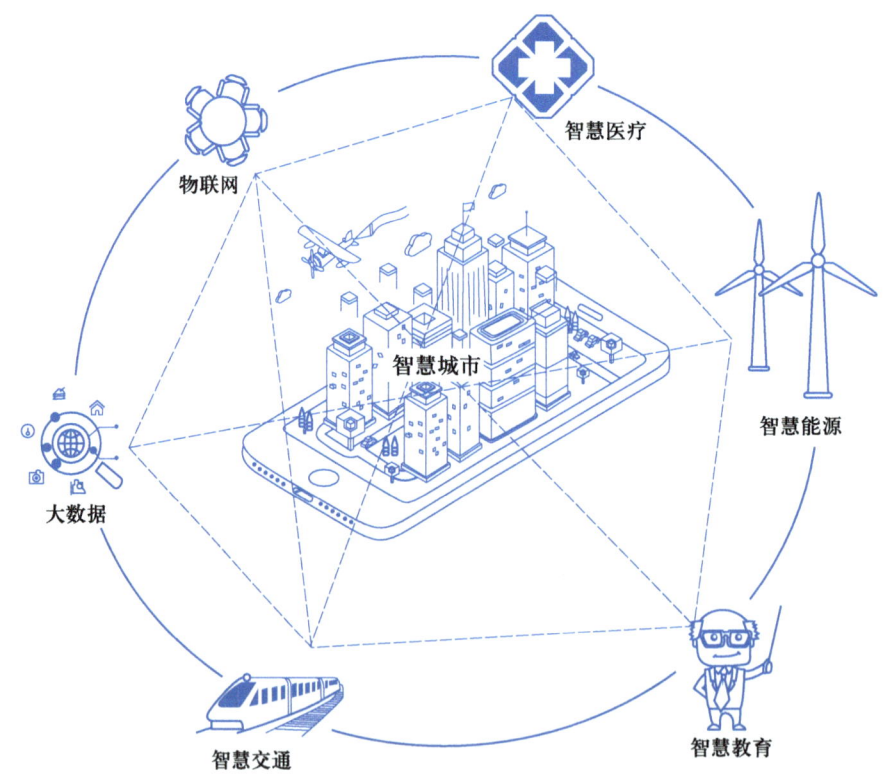

图 5.8　智慧城市及其主要特征

5.3.2 智慧城市的概念与内涵

人们普遍认为,"智慧城市"(smart city)的概念由 IBM 前任总裁彭明盛于 2009 年 1 月 28 日首次提出,指"运用信息和通信技术手段感测、分析、整合城市运行核心系统的各项关键信息,从而对包括民生、环保、公共安全、城市服务、工商业活动在内的各种需求做出智能响应"①。

实际上在此之前,智慧城市已有不少先期成功的实践。如 2004 年 3 月,韩国政府推行"IT 839"战略,主要目标是提升韩国现有的资讯科技框架,期望在 2007 年达成韩国的全方位资讯社会愿景;随后推出了"U-Korea"战略(2004 年)②,旨在以无线传感器网络为基础,实现资源的数字化、网络化、可视化和智能化,以此促进国家经济社会发展;此后的"U-City"计划(2004 年)和"智慧首尔 2015"(2011 年 6 月)皆是实施"U-Korea"战略的具体体现。2006 年 3 月韩国确定总体政策规划,希望把韩国建设成智能社会。

欧盟于 2005 年 7 月启动了"2010 战略",其目标是开发通信技术、网络技术、新媒介、新业务;并于 2007 年推出一系列智慧城市规划[18]。

多年来,智慧城市的定义和最终愿景并没有得到清晰的阐释。人们过于强调技术的应用,实际上缺乏更具象的描述。智慧城市是指利用现代信息技术和通信技术,通过对城市基础设施、公共服务、交通、环保、社会治理等各个领域进行智能化、数字化和网络化改造,实现城市运行和管理的高效、便捷和可持续发展。智慧城市不仅具有智能化的技术特点,更是人们对于城市发展的新理念和新模式,旨在提升城市生活质量,提高城市治理能力和效率,增强城市的可持续性发展。智慧城市建设包括多个方面,其中包括城市基础设施的智能化建设,如智能交通、智能能源、智能公共设施等。这些设施通过采用传感器、互联网、云计算等技术,可以实现信息的采集、处理、传输和分析,以实现城市各项服务的智能化和高效化。另外,智慧城市还需要建立智慧城市数据中心,将城市各个领域的数据集中存储和管理。这些数据可以是从传感器、摄像头等设备采集到的实时数据,也可以是从政府部门、企业、居民等各个渠道汇总而来的数据。通过数据挖掘、分析和处理,可以为城市管理和服务提供决策支持和优化方案,同时也为市民提供更加便捷的服务。智慧城市还包括智慧交通建设,包括智能交通信号灯、智能交通管理系统等。通过智能化的交通系统,可以优化城市道路的使用效率,缓解交通拥堵,提高交通安全性,同时也减少了交通对环境造成的污染。智慧城市建设还需要加强城市管理体系建设,包括建立城市大脑、智能化城市监管中心等。这些中心可以对城市各个领域的情况进行监控和分析,及时发现问题并提供解决方案,实现城市治理的高效化和精细化。智慧城市建设不仅可以提高城市的运行效率和管理水平,还可以促进城市创新发展和产业升级。通过打造智慧城市生态

---

① "智慧城市"是 IBM "智慧的地球"策略中的一个重要方面。"智慧的地球"提出以更智慧的方法,通过新一代信息技术改变人们交互的方式,提高实时信息处理能力及感应与响应速度,增强业务弹性和连续性,促进社会各项事业的全面和谐发展。而"智慧城市"的行动正成为"智慧的地球"从理念到实际的现实举措。

② U 战略:"U"是英文 ubiquitous 的缩写,它指的是拉丁语中存在于任何地方的意思,表示任何时间、任何地点、任何事情、任何人都可利用。U 战略从 2004 年开始被提到多个国家的信息化战略日程上,被认为是下一代的信息化发展战略,即建设 U 网(无所不在的网络,也称为泛在网),构建一个无所不在的网络社会的发展目标,"U"型网络是网络合成时代的信息基础设施,更注重构建物联网以及不同网络的融合。

圈,可以吸引各类创新企业和高端人才,推动城市产业结构的转型和升级,实现城市的可持续发展。

智慧城市,广义上讲是利用现代科技特别是资讯科技来提升都市环境,便利居住生活;宽泛而言,是对城市的各类资源进行最优化调配,使得区位功能布局合理、建筑美观实用、人们居住舒适,形成城市的个性文化;简单理解,就是用"智慧"来设计、建造、经营城市,并通过智慧赋能,提升城市的通用性,营造一个充满生机、"以人为本"的共同体。

"以人为本"是智慧城市发展的根本理念。一方面,"人的智慧"被有效地植入到都市体系的各个环节,产品的开发、制造、采购、营销和提供服务都围绕城市居民自动有序开展,人、资金、生活、能源乃至微观世界的运作方式都更为智能,生活的方方面面变得更加智慧。智慧城市通过运用电脑技术对城市生活进行全方位、系统化、信息化处理,从而协调可持续地处理城市资源、生态、人口三者之间的关系。另一方面,在智慧城市的构建中,我们要关注人的需求,人是智慧城市的根本目的。

智慧城市将新一代的信息化技术集成到一起,能够加强民生基础建设,提高资源利用效益,营造和谐的人文生态,实现平衡和可持续的发展,因此,在新形势下,智慧城市的构建适应了现代都市发展的潮流,符合我国的经济和社会发展的要求。可以预见,智慧城市将是中国今后50年城市发展的重要议题,是新机遇、新挑战、新路径,也是信息化、工业化和农业现代化的重要载体。中国的智慧都市建设背景、路径、方式与西方社会有着显著的差异,为此必须在智慧城市建设上寻求一条属于自己的道路。

2012年12月4日,住房和城乡建设部印发了《国家智慧城市试点暂行管理办法》和《国家智慧城市(区、镇)试点指标体系(试行)》两个文件,提出了建设国家智慧城市(national smart city)的任务。在这两个指导性文件里,"总体规划"是指在信息化、网络化、数字化、物联化、智能化技术的支撑下,对城市建设和运作进行科学化的管理,规划人民群众生活[19]。智慧城市是以云计算、物联网、移动互联网等新兴技术为基础,以互联、智慧化为主要特点,使政府管理效率提高,民生服务便捷,社会可持续发展。智慧城市是指运用科学技术,以"智慧"带动都市发展,营造宜居生态、健康产业发展、提升政府治理、保障人民幸福的都市。基于智慧城市的信息化技术将全面渗透到城市的各个方面,使之成为一个全面感知、广泛互联、相互协作的有机网络。

5.3.3 技术实现基础:建筑能源互联网

建筑能源互联网(building energy internet,BEI)是以建筑为节点的能源互联网。能量、信息(分布式的产生、供应、消耗)以建筑物为载体,通过网络互联,得到实时传感信息,并根据需求施以智能控制。建筑能源互联网是 AI+ 智慧建筑的典型应用场景,是一种以建筑物为基础的能量闭环式控制体系,它以网络为核心,充分发挥分享的理念,使能源资源向绿色低碳、可持续模式转变。如系统中的冷、热、电网能够流通分配,达到互补、互助,满足不同的需求。这样既可降低装置的装机量,又可利用剩余能源,保证各使用者的日常用电,实现建筑物运行节能、高效、清洁。当前,我国的地区建筑节能生态中,可持续发展建筑越来越多,节能与减排计划更具有现实意义。不过目前局限于建筑采暖与空调能耗,并未对不同类型的能耗结构①进行深入探讨和发掘。建筑能源互联网在国内还有很长的路要走[9,15]。

建筑能源互联网具有以下特点:能量配置容易、建筑能量链复杂、建设能量供求、体系分离等。从用户角度来说,即是以下几点:

(1) 多元化的能量配置,可实现多种能量的协调,使新的能量增值更为显著;
(2) 建设和运营超出建筑物本身的更大能量领域,即建筑生态化②;
(3) 利用"互联网+"实现建筑能耗供求关系的最优匹配;
(4) 以平等、无中心、无界限、安全、可信的方式设计布局建筑能源信息网;
(5) 在使用过程中,建筑更加舒适、节能、高效、方便、安全、普惠。

从能源利用的衔接顺序来看,建筑能源互联网可以分为六大板块,如图5.9所示。

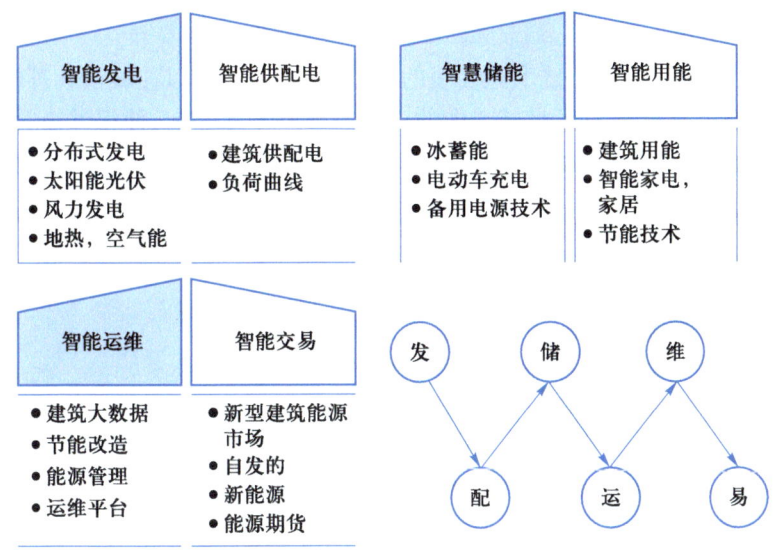

图5.9 建筑能源互联网

5.3.4 顶层设计:如何建构智慧城市

智慧城市的构建,依靠完整、科学的方法和手段来收集、分析和决策,通过更深入的智能化、更全面的互联互通、更高效的数据传递、更协同的云程序,准确掌握了各个体系之间的联系,实现了现代化智能化的城市运作,城市更安全、更高效、更便捷、更环保。

智慧城市的建设,有愿景先行、智慧并行、六路并进、操作可行、目标必行、安全随行六项

---

① 建筑能耗是指建筑在建造和使用过程中,热能通过传导、对流和辐射等方式对能源的消耗。按照国际通行的分类,建筑能耗专指民用建筑(包括居住建筑和公共建筑)使用过程中对能源的消耗。主要包括采暖、空调、通风、热水供应、照明、炊事、家用电器和电梯等方面的能耗;其中,以采暖和空调能耗为主。

② 生态建筑简称ECO,ECO是eco-build的缩写,就是将建筑看成一个生态系统,本质就是能将数量巨大的人口整合居住在一个超级建筑中,通过组织(设计)建筑内外空间中的各种物态因素,使物质、能源在建筑生态系统内部有秩序地循环转换,获得一种高效、低耗、无废、无污、生态平衡的建筑环境。建筑生态化即将建筑融入大的生态循环圈,从整体的角度考虑能源和资源流动,将建筑建造、建筑设计、建筑使用过程中的消耗、产生纳入整个生态系统来考虑,从而改变资源与能源单向流动的方式,趋向良性循环的模式。

准则[20]:

(1) 愿景先行,了解城市发展的根本法则,提出具有前瞻性、指导性和科学性的愿景。

(2) 智慧并行,"智"是智能、自动化,"慧"是文化、创造力。

(3) 六路并进,智慧基础设施、智慧治理、智慧民生、智慧工业、智慧人才、智能生态六个层面的协调发展。

(4) 操作可行,智能城市的建设任务必须具有可行性和可操作性。

(5) 目标必行,要把提高人民的生存质量和竞争能力作为基本的起点和落脚点,而不是技术上的"面子工程"。

(6) 安全随行,新一代的信息技术如云计算、大数据、物联网等技术的飞速发展,对经济、社会产生了极大的冲击。必须在智慧城市建设过程中积极维护国家、城市和个人信息的安全。

当下,以物联网、云计算等技术为代表的智能城市,打破了以往城市物理和信息化技术相分离的传统观念,信息化技术将城市中的设施有效联系在一起,使得城市管理、生产制造以及个人生活全面实现互联、互通;在智慧城市的发展中,技术革新是最重要的推动力。智慧城市发展理念如图 5.10 所示。创新、协调、绿色、开放与分享是智慧城市发展的新思路[21]。

智慧城市的建设不是"技术决定论"的,更多需要制度、体制以及模式发挥作用。因此,在城市理念的塑造、制度的建立、技术的研发与应用的整个进程中,都必须始终坚持创造性思考:要以人为中心,不断提升居民的整体认识水平,推动智慧都市的发展;"和谐发展"是智慧城市的必然要求,要实现"五位一体"的整体布局,要走"新四化"的道路,要协调好市场和政府、产业和应用、物质和精神、规范和个人之间的关系;绿色是智慧城市的核心内容,是实现智慧城市可持续发展的必要前提,因此在建设"以人为本"的智慧城市过程中,必须遵循"节约能源、保护生态"的根本方针,走

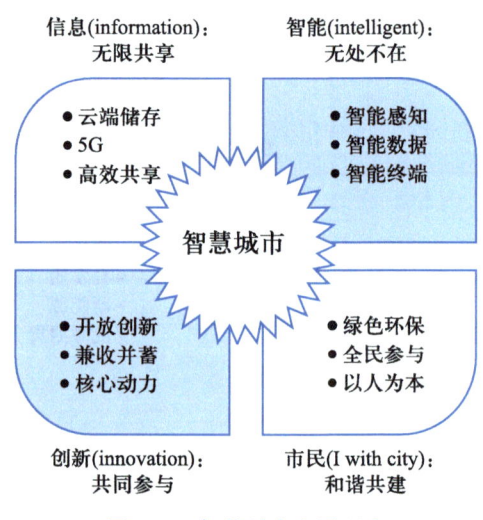

图 5.10 智慧城市发展理念

可持续发展道路;开放是智慧城市的内在特征,智慧城市必须面向市场、面向企业、面向群众。智慧城市的终极目标是社会和谐、人民幸福、经济发展,我们必须坚持发展依靠人民,发展成果由人民分享,把人民满意作为智慧城市的起点和落脚点。

我国的智慧城市建设要立足于"五位一体""新四化"的发展战略,运用云计算、大数据和物联网等新一代信息技术,以人为本,实现城市的智能化运作和管理,使城市实现更加全面、协调和可持续发展。宏观来看,包括智慧设施、智慧治理、智慧运输、智慧工业、智慧人群、智慧生态六大要素[22,23]。

智慧设施:包括新一代信息网络设施、公共服务平台以及数字化改造后的市政设施;包括宽带网、下一代通信网络、物联网和"三网融合";包括云计算中心、信息安全服务、政务信息政务中心。

智慧治理：目前的政府治理体系存在一系列问题；信息孤岛现象，政务信息更新缓慢，各个领域的数据难以分享，使得政府部门无法及时为社区提供更加切实准确的服务；管理难度大，政府很难将政务系统与城市的运作过程相融合，形成有效的动态反馈。智慧治理是指利用现代网络通信技术、计算机技术、物联网技术等手段，将行政管理与服务功能有机结合，实现公共管理高效精准、公共服务便捷惠民的一种政务运营模式。智慧治理的核心是整合资源和共享信息、持续提升政府治理能力，其重点是制度创新、信息技术的普及和管理服务观念的发展。

智慧运输：发展智能运输一体化APP。将出租车、公交车、地铁、货物运输等运营的资讯整合在一起，便于公众实时了解其运营状况。同时，通过手机APP、交通诱导屏等手段，为市民的出行、停车等提供高效的交通管理。

智慧工业：是一种利用信息技术发展起来的新工业组织形式，分为两大发展途径：第一种是以物联网为基础建立全新的智能产业；第二种是扩展升级现代工业系统，即以现有工业为依托，进行智能化升级改造，如智慧物流、智慧家居、智慧农业等。智能工业是智慧城市的核心，也是衡量"智慧"程度的一个重要指标。

智慧人群：要更加强调人的因素和人文因素，事实上，事物的智力是人为定义、赋予的，只有人类的投入和参与，才能充分发挥一个城市的智慧，这也是智慧城市的最大特点。智慧人口是智慧都市建设的关键，它既是城市建设的决策者和执行者，也是建设的受益者，需要从以下两个方面发力。

(1) 提升人群的资讯能力：在信息大爆发的今天，人们必须学会使用互联网，从大量的信息中提取出对自己有用的信息，然后运用到日常生活、学习、工作、社交等活动中去。对信息进行处理和评价，已经是现代人必须掌握的一项基础技能，这就是通常所说的信息素质。在信息化社会中，信息素质是每个社会成员在社会中立足和生存的必要条件。要实现智慧城市的目标，必须提高市民的信息素质。

(2) 培养创造性人才：提高人才质量，完善人才培养、引进和激励机制，培养各类高水平人才。首先，要真正强化高层次领导人才、高层次复合型人才、高技术人才培养，构建健全智慧城市人才系统。其次，要通过制定完善的人才激励和保障制度，制定相关的内部政策，积极吸纳国内外的优秀人才；同时从生活待遇、科研设施配置、创业条件等多个层面上扶持杰出青年，为其发展创造有利条件。第三，制定专门的培训方案，保证"智慧城市"的人才培训工作落实到位。依托高校、园区、企业和社会组织，强化企业和高等院校的合作，提供教育培训、执业资格等方面的培训。发展"互联网+"，构建我国的"终身学习"制度。同时大力推动我国高等教育的发展。

智慧生态：生态保护和资源利用，是构建智能城市的基础。智慧城市必须通过强化生态环境、推进绿色低碳居住、提升资源使用和可持续发展的方式来实现。

现代城市的治理者必须全面了解智慧城市的内涵，抓住发展机会，并将其与经济与社会发展的进程相融合；强化智慧城市的软实力，推动其持续、稳定地发展。

5.3.5 现实案例：新加坡——智慧城市雏形

新加坡多年来一直占据着各种智慧城市榜、清洁城市榜、宜居城市榜等，还常常是榜首的位置。原因在于其优越的地理环境、发达的经济水平和较小的国土面积,其规划的先进性、适用性和发展性引领了新加坡智慧都市的发展。

新加坡国土面积较小,便于经营。但是本土人口少,长期以来大量缺少劳工,制造业竞争力不强。因此国家把发展重心转移到技术密集行业,以资金投资推动技术创新,大力发展智能化产业。首先国家向资讯行业投入大量资金,培育专业人才,营造适合资讯科技发展的有利环境,其次重视发展电子政府,实行"一体化"方式、"无缝"管理。目前新加坡政府信息系统可实现800多个政务和200多个工商许可证的线上办理,政务信息公开使政府与民众之间的得以快速沟通,提高了政府形象,并进一步推动了社会信息化。

2006年6月,新加坡启动了第6个信息化产业十年计划"智慧国2015"(iN2015)计划。这是一个为期10年的发展蓝图,该计划旨在通过数字化和自动化技术,提高城市的效率、可持续性和生活质量,使城市更加智慧、更加便捷、更加安全和更加宜居。该计划提出了三个"IN":创新(innovation)、整合(integration)和国际化(internationalization)三大原则。"智慧国2015"计划在多个领域进行了创新和实施,其中包括城市规划、建筑和住房、环境保护、交通和交通管理、公共服务和社会福利等。首先,计划注重城市规划,通过数字化技术为城市规划提供支持,例如通过建立数字地图、虚拟现实技术等方式为城市规划带来更精准、更具体的支持,可以为城市规划带来更高的效率和准确性。其次,在建筑和住房领域,计划实施了许多智能化技术,例如智能建筑管理系统、智能家居系统等,以提高建筑和住房的能源利用率和安全性,为居民提供更高效、更舒适、更安全的生活环境。此外,计划在环境保护方面也实施了一系列措施,例如实施了一系列节能减排政策,建设了一系列垃圾分类处理设施,并采用智能化技术对环境进行监测和管理,以提高环境的质量和可持续性。在交通和交通管理领域,计划采用了一系列数字化技术,例如智能交通管理系统、自动驾驶技术等,以提高交通的效率和安全性,并为居民提供更加便捷的出行方式。此外,计划在公共服务和社会福利领域也实施了一系列措施,例如推行电子政务、智能健康管理等,以提高公共服务和社会福利的质量和效率。

"智慧国2015"计划制定了一套指标,其中经济指标是:到2015年,以信息通信技术为基础的经济和社会增值将在世界上名列前茅,并使该产业的产值增长两倍,出口收入增长三倍。其他的一些社会发展的指标包括:创造80 000个就业机会,90%以上的住户可以接入互联网,而电脑100%覆盖所有学龄居民。

新加坡智慧城市建设的成就是显而易见的。2013年,新加坡的信息技术产业产值达到148.1亿新元,年增长率高达44.6%,其中出口就占72.7%。埃森哲顾问公司于2014发布的一项调查显示,全球智慧城市政府排名中,新加坡位于榜首;在《2014全球信息技术报告》中,新加坡名列"网络连接度最高的国家"[7]。新加坡全国有14.67万信息技术人才,且过去数年基本保持稳定。"智慧国2015"项目的任务已经实现,同年,新加坡政府在"智慧国2015"基础上,公布了"智慧国家2025"10年计划,将进一步加强信息化和深度的应用,注重以人为本,充分发挥信息技术在为广大民众提供优质服务中的作用,并为智能国家的构建提供积极助力。

5.4 本章小结

本章详述了智慧建筑的发展历程、发展现状与发展趋势。智慧建筑是建筑智能化与生态化的有机统一，能够为用户提供高效、舒适、便捷的人性化建筑环境，以达到环境社会与生态的最佳平衡。智能与绿色是智慧建筑的核心特征。智慧建筑不是各种新兴技术在建筑物上的简单堆砌和连接，而是贯彻以人为本、为人服务理念，坚持建筑与自然和谐相处观念，遵循节约化、生态化、人性化、无害化、集约化等基本原则，通过提高能量效率、融入智慧城市建设来创造健康、舒适、方便的生活环境的未来建筑发展方向。将人工智能技术作为智慧建筑的核心支撑，通过自动化技术进一步解放双手，以新兴技术如互联网、大数据等为依托，坚持可持续发展从而实现人与自然的和谐相处。在更宏观的层面上利用现代科技特别是资讯科技来提升都市环境，便利居住生活，对城市的各类资源进行最优化调配，使得区位功能布局合理、建筑美观实用、人们居住舒适，形成城市的个性文化，用"智慧"来设计、建造、经营城市，并通过智慧赋能，提升城市的通用性，进而形成"智慧城市"，营造一个充满生机、"以人为本"的共同体。

习题

1. 概述现代智慧建筑的概念以及发展趋势。
2. 为什么要发展智慧建筑？
3. 列出并简要描述智慧城市六大要素。

习题参考答案

本章参考文献

第 6 章　工业制造与人工智能

　　人工智能技术和新一代信息技术与制造技术深度融合可以实现智能制造。在智能制造系统中,通过应用互联网技术,将数字信息与物理实际社会之间的联系可视化,全面融合生产工艺与管理流程,实现设备、工件、产品等在生产过程中的全面智能感知、智能分析、智能控制和智能决策。这将实现高效、高质量、低成本和个性化的生产制造,推动工业经济的数字化、网络化和智能化发展。智能制造的实现需要关键的战略技术,其中以深度学习为代表的新一轮人工智能技术(人工智能 2.0)是关键的技术支撑。通过深度学习算法,可以从大数据中提取出规律和模式,实现对生产过程和制造环节的智能化监控和管理。同时,智能制造的实现还需要物联网、云计算、大数据分析等技术的支撑。新一轮工业革命的高潮需要智能制造的引领和推动。政府和组织对提高工业智能化水平高度重视,积极出台相关战略政策,推动人工智能在制造业和工业领域的发展。在全球范围内,各国工业界和学术界也在积极推动智能制造的研究和实践,共同推进新一轮工业革命的发展。

6.1　工业智能

6.1.1　工业智能的来源

　　算法的革新往往是人工智能发展的推动力。人工智能诞生后,罗素(Russell)从数理逻辑角度在《数学原理》(*Recent Work on the Principles of Mathematics*)中汇总的人类历史上发现的几百个定理全部被算法证明,这引起了国际学术界对于人工智能的第一次研究热潮。

人工智能的第二次浪潮源于反向传播算法[①]的繁盛以及使算力大幅提升的第五代计算机[②]的发展。而过去数年深度学习的快速发展引起了人工智能的第三次浪潮。不可否认的是，当今时代，人工智能技术已经成功地运用于诸多领域，包括金融保险业、广告媒体娱乐、线上商品零售和移动支付等，成为"明星技术"。这种广泛应用带来的好处是两方面的，一方面它使得人工智能技术本身获得了长足进步，另一方面它也为社会创造了巨大的商业价值。当不断突破的人工智能技术遇上向着"智能化"不断发展的工业制造，站在生产研发一线的制造企业敏锐地捕捉到前进的方向，逐渐开始将人工智能技术与工业活动相结合，工业智能或称工业人工智能（industry artificial intelligence，IAI）应运而生[1]。

抽象地理解，工业智能是计算机在工业领域实现的智能。它本质上由两部分组成：一部分是作为物质载体和行为主体的计算机实体。这是由计算机而不是其他工具，在现代计算机计算能力的基础上，在可接受的时间和成本范围内，解决各种工业问题。目前，乃至于在可预见的很长时间内，计算机都是研究工业智能的主要物质手段和实现工业智能技术的唯一实体。另一部分是系统承载的应用，亦即应用在工业领域的具体的、特异化的人工智能技术。这些技术具备"智能""拟人"的特点，也具备"自我进化"的分析和决策能力。具体而言，人工智能技术利用大量数据来训练算法模型，使其能够从数据中发现规律和模式，进而实现预测、分类、识别等任务。这种基于数据的学习方式称为机器学习，而深度学习是机器学习的一种特殊形式，它利用深度神经网络来实现更加复杂和高级的任务。在应用人工智能技术的过程中，算法模型会不断迭代和优化自身的性能，以达到更高的准确性和效率。这种"自我进化"的能力使得人工智能技术能够不断适应变化的环境和任务需求，从而实现更加智能化和自动化的生产制造。因此，工业智能具有自感知、自学习、自执行、自决策、自适应等特点，如图 6.1 所示。

6.1.2　人工智能在工业界落地的挑战

现今阶段人工智能在工业界的落地还存在很大挑战。相关原因通常被研究人员归结为工业界人工智能的基础条件不完善，特别是人工智能三大核心要素——数据、算力和算法，在工业系统中的应用缺失。

先谈数据，传统的人工智能公司优先从数据的视角出发，考虑有哪些有多少数据，从中找出关联进而获得相关应用机会。这就是大数据对行业的赋能作用，也是人工智能在其余诸多领域取得巨大商业价值的一个重要原因。例如，都说掌握了大数据就能掌握消费者，这话集中体现了人工智能在线上零售消费领域的成功。客户每次的线上消费行为信息，通过大数据手段被采集、分析、得出相关判断，零售经营者借此更加了解客户的关注点、消费能

---

① 反向传播算法，又称误差反向传播算法，简称 BP 算法（backpropagation algorithm），是适合于多层神经元网络的一种学习算法：BP 网络的学习过程是一种误差修正型学习算法，由正向传播和反向传播组成。在正向传播过程中，输入信号从输入层通过作用函数后，逐层向隐含层、输出层传播，每一层神经元状态只影响下一层神经元状态。如果在输出层得不到期望的输出，则转入反向传播，将链接信号沿原来的连接通路返回。通过修改各层神经元的连接权值，使得输出误差信号最小。

② 第五代计算机是把信息采集、存储、处理、通信同人工智能结合在一起的智能计算机系统，结构与功能和现有计算机概念完全不同，具有模拟－数字混合的功能，本身具有学习机理，能模仿人的视神经电路网工作。1981 年 10 月，日本首先向世界宣告开始研制第五代计算机。

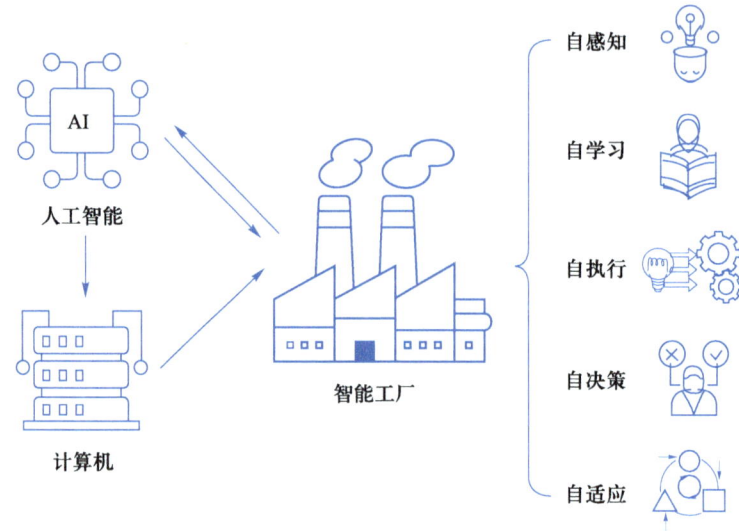

图6.1　工业智能具有自感知、自学习、自执行、自决策、自适应等特征

力、价值偏好,"发现你的需要",从而提供更适合客户的产品和服务。这样做直接提高了整个系统的运行效率,创造出经济价值。举个简单的例子,我们使用淘宝购物,App会根据你的搜索来推荐你想要的同类型产品。同样的,各大门户网站和视频网站通过搜集大量用户数据来在首页推荐用户"可能"感兴趣的内容,电商网站则根据用户的历史消费记录提供相应精准的广告信息。餐饮行业O2O(online to offline)模式(俗称的"外卖"配送服务)、汽车行业无人驾驶汽车等都运用到了大数据技术,它们搜集分散的数据①,并对数据进行一定的专业化处理,一切"智能"建立在数据的基础上,数据相互间的关联至关重要,数据的精确性不是那么重要,因为提供的选择很多,消费者会自动忽略掉那些没那么"精准"的信息,选取最优解即可。这些人工智能技术应用以机会为导向,并不需要高的确定性,关注的仅仅是不错过任何一个产生商业价值的机会[2]。

但是在工业的规模化生产场景中,数据不是这样起作用的,目标往往是明确的,这使得人工智能不是以数据为导向而是需要从问题本身出发,通过解决现有问题实现价值创造。比如工厂中的质量监测问题,我们希望通过人工智能技术进行关键质量问题的识别和监测,从而解决生产的核心问题,这是一种问题导向的思路。也就是说,工业智能和传统的人工智能应用的视角不同。但是目前大多数工业场景的应用还只是利用人工智能技术寻求解决已有问题的替代途径,而不是去解决那些未解决的问题。因此我们更应该深入地了解传统人工智能技术在工业应用的短板和限制,在保持对传统人工智能技术了解和尊重的前提下,更加明确工业智能发挥作用的方式,找到相应合适的应用场景,这是人工智能技术在工业界落地的关键。

除了数据,还需考虑的就是算法和算力。这两个因素目前的发展状态,从软件和硬件两个角度,对工业智能化提出了挑战。人工智能的发展史证明了:算法是推动这门科学向前

---

① 大数据的特点是海量的数据规模、快速的数据流转、多样的数据类型,其价值密度低。

发展的重要推动力。算法是指在数字世界中处理数据和信息的数学方法和程序,而算力则是指计算机处理这些算法所需的能力和资源。首先,算法和算力在数字经济中发挥着重要作用。算法能够处理大量的数据和信息,发现其中的规律和趋势,提取有价值的信息并支持决策。而算力则能够支持算法的高效运行和快速处理大规模数据。这些技术的应用范围广泛,可以支持企业生产、物流和供应链管理,同时也能够优化金融、医疗、教育等领域的服务。其次,算法和算力的发展也在推动数字经济的不断发展。随着计算机技术和互联网技术的不断革新,算法和算力的水平也在不断提高。新的算法和算力可以让数据的处理更加智能化、高效化和个性化,这将催生出更多的数字化产业和商业模式。同时,数字经济的快速发展也需要更强的算法和算力的支撑。

然而目前不论是算法的发展,还是算力的提升,都离不开对基础知识的认知突破。宏观地看,对基础知识的认知是一切科技进步和工业发展的基础。现阶段的人工智能在算法方面存在无用计算较多、能耗过大的问题;在算力方面,计算机面临"内存墙"问题[①],这些都凸显了当前我们基础认知的"认知瓶颈"。也就是说,虽然我们如今可以通过人工智能的方法来实现效率提升、管理优化和降低成本等一系列工业问题,但是人工智能技术的下一步发展迫切需要我们对基础知识的认知突破。必须加大在基础研究方面的支出与投入,通过探索人工智能在工业上更多的应用场景,体系化工业智能架构,完善相关技术标准,才能实现人工智能技术在工业应用中更广泛地落地。

放眼当下,工业智能实际上有着很广阔的应用场景,因为工业场景在提升质量、降低能耗和提高效率等多方面有着具体的待解决的现实需求,人工智能对此可以大有作为。工业智能的发展重要性造成了以下后果:半导体行业成为中美地缘政治的一个竞争焦点。芯片是半导体元件产品的统称。小小的电子芯片是当今联网设备的引擎,是当前决定算力的重要物质载体。随着物联网的发展,联网设备越来越多,智能手机和电脑这类"准计算机"之外,还加入了吸尘器、冰箱、汽车、自动煮饭锅等家用电器。中国作为制造业大国,是这些联网智能设备的主要生产国,因此对电子芯片的需求呈爆炸式增长。有数据显示,消耗的芯片中仅有 15.9% 是在中国境内生产的,而这 15.9% 中只有 6% 是由中国公司自主研发的。这也意味着,中国芯片产业仍然面临着很大的挑战和机遇。2020 年,中国进口的半导体价值 3 500 亿美元,半导体超过了石油,成为中国第一大进口商品。美国在半导体领域对中国重要科技企业如华为的制裁[②],迫使中国大力发展相关科技和产业,以减少制裁带来的不良影响,确保技术上的独立自主。这场著名的"芯片之争",目前仍在进行当中,半导体对中国的重要性不言而喻。因此,一方面中国发展工业智能,需要大力发展半导体相关的科技和产

---

① 在经典的冯·诺伊曼计算机架构中,存储单元和计算单元泾渭分明。运算时,需要将数据从存储单元读取到计算单元,运算后会把结果写回存储单元。在大数据驱动的人工智能时代,AI 运算中数据搬运更加频繁,需要存储和处理的数据量远远大于之前常见的应用。当运算能力达到一定程度,访问存储器的速度无法跟上运算部件消耗数据的速度,因此再增加运算部件也无法得到充分利用,就形成了所谓的冯·诺伊曼"瓶颈"或"内存墙"问题。对此的解决思路目前有两种:一是将数据存储单元和计算单元融为一体,通过类似"人脑"神经元的计算存储一体化,显著减少数据搬运,极大提高计算并行度和能效;另一种是发展量子计算机,提高算力。

② 全球电信设备第一大供应商、曾经在智能手机销售中排名第二的华为,是中国的创新旗舰公司。2019 年,它被美国商务部列入黑名单,被禁止使用美国的技术、软件和组件,自 2020 年夏季以来,华为也无法再从任何外国芯片制造商那里获得芯片了。2020 年底,华为的智能手机销售量直线下降,突显出中国的结构性脆弱。

业;另一方面,反过来说,在中国,仅半导体行业就能产生很多的人工智能工业应用场景。

综上所述,针对这些落地挑战,现阶段我们可以从以下两个新的视角探索解决途径:一是,我们需要将人工智能从过去以机会性为导向的应用转向以问题性为导向的工业应用;二是,工业人工智能应用需要更多地将目光聚焦于传统方法难以解决的问题上来,而不是仅仅将人工智能技术视为替代性的解决途径。

6.1.3　工业智能的具体问题及关键技术

2020年工业互联网产业联盟发布的《工业智能白皮书》指出,工业智能应用面临的具体问题包括:实时性问题、可靠性问题、可解释性问题以及适应性问题[3]。

图6.2展示了工业智能相关技术与解决四类问题的对应关系。工业智能应用面临的第一大问题是实时性问题,这是由工业自身大批量标准化生产、流水化作业、精确性匹配的特性决定的。

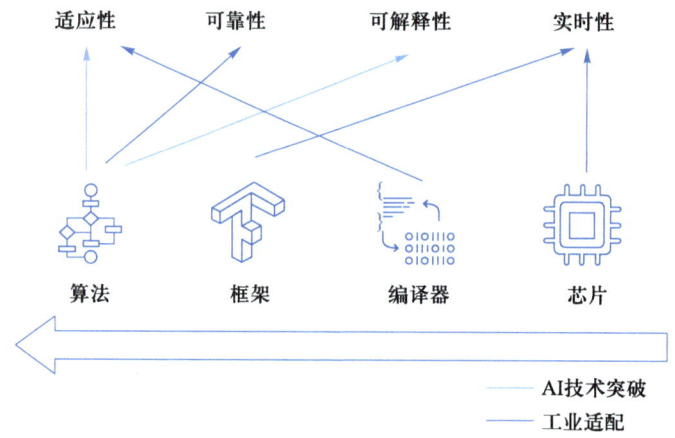

图6.2　工业智能相关技术与解决四类问题的对应关系

深度学习是机器学习的一种,是一类模式分析方法的统称,属于复杂的机器学习算法。其操作方式是通过建立一个人工的神经网络(模拟人脑生物神经元的信息传递机制),让机器通过模式训练获得分析学习能力,从而"自动分析",实现人类对复杂事务处理的自动化要求。这包括训练和推理两个环节。由于训练环节需要进行大量的数据处理,而基于云计算技术实现的云端数据中心具有灵活性、可靠性、易用性、经济性和高度可定制化的优势,所以目前通常的做法是"云侧训练,端侧推理"。也就是先将神经网络部署到端侧(电脑、手机、智能汽车等移动端),再利用云计算技术,将学习引擎和初始数据集上传到云侧(服务器、数字中心),云侧基于获得的多数据构建人工神经网络,并对这个人工神经网络进行训练,生成模型,下放给端侧,然后端侧利用训练好的模型进行推理。这种模式下,端云协同是保证技术成功运用的关键。人们运用模型压缩和自适应模型生成等转换手段,使得云侧可以生成最适合端侧的模型。硬件方面,普通应用场景下,端侧自带的常规的图形处理器(graphics processing unit,GPU)基本能满足离线云侧训练的要求,达成云侧和端侧的适配,完成神经网络的数据交互、模型应用和实时推理。

但是工业场景应用与普通场景有所不同。端侧对实时推理计算的要求极高,如基于图片高速高精度检测和识别的相关控制周期往往是微秒甚至纳秒级别[①],现今通用计算架构与芯片完全无法满足其要求。需求倒逼生产,具有异构体系结构的芯片应运而生。

在摩尔定律的推动下,芯片发展的目标一直是追求高性能、低成本和高集成度。然而,随着单芯片上可集成晶体管数量的不断增加和工艺节点的不断缩小,隧穿效应和漏电问题逐渐显露,频率提升逐渐接近瓶颈。单核芯片的性能虽然在过去的几十年里不断提高,但是由于工艺制约和功耗限制,其性能提升逐渐遇到了瓶颈。而多核芯片则可以通过在同一芯片上集成多个处理器核心,实现更高的并行计算能力,提高处理器的性能和效率,同时还能更好地应对日益复杂的应用和任务。此外,多核芯片还可以更好地平衡功耗和性能,提高能源效率。相比单核芯片,多核芯片能够在相同的功耗下处理更多的任务和数据,从而减少能源浪费,降低计算成本,符合节能环保的要求。因此,芯片由单核向多核转变的发展趋势不断加强,并成为当前和未来芯片设计的主流方向之一。

异构芯片体系和传统芯片相比,在设计和实现上存在明显的差异和优势。异构芯片体系采用不同种类的处理器,可以更好地分配任务和负载,提高处理效率和能源效率,特别适用于高性能计算领域,例如科学计算、图像处理等。此外,异构芯片体系具有更灵活的设计定制能力,能够满足不同的应用需求和市场要求,具有广阔的应用前景和市场潜力。因此,随着采用先进技术所需投资的增加,高能耗、低成本的异构计算将成为业界端到端推理的主流选择。

其次是可靠性问题。通常人工智能在诸如电商等领域的应用对于精确度并没有很高的要求。消费者数据在近乎无限的计算集群上(云中)进行处理。电商平台可以奢侈地花费大量时间来处理消费者的浏览和购买历史记录,最终显示新的消费建议。在消费者预期中,人工智能的错误预测及其造成的影响不大。网购场景下,消费者、商家和电商平台默认页面广告的存在,允许它们对注意力的侵占。消费者会忘记或者无视电商平台推荐的一本毫无营养的书或者另一件毫无用处的商品,并享受这种挑选的主动权,而不会苛责大数据,要求它为自己"量身定制"的推荐信息百分百都是合乎自己心意的产品。但是对于部分工业领域的核心环节,相关的人工智能分类准确性必须达到100%。一旦相关参数出现错误,很可能引发灾难性后果。如在深海石油钻井平台上,立管是将石油从海底油井输送到地面设施的管道。立管出现问题时,必须立即协调同步多个夹具来关闭阀门。这就要求管理夹具的执行器软件能够敏感地跟踪温度和压力的详细信息,精准及时地作出反应。来回传输的信息和作出推理的指令必须是精确的,稍有差错都会失之千里,招致灾难。但是现今的神经网络算法,其本质是基于概率分布的函数,充满了随机、不确定,这从根本上导致了相关可靠性问题的存在。必须针对工业领域定制相应的人工智能算法以满足可靠性的

---

① 一个直观的例子是,2022年1月,特斯拉宣称,其最近开发的完全自动驾驶芯片拥有高达60亿个晶体管,每秒可完成144万亿次的计算,每秒能同时处理2 300帧的图像,并且每辆车有两个这种芯片,可以同时处理相同的数据,保证了其行动过程中的低时延特性。自动驾驶和其他一些端侧场景,数据是按固定的时间依次到达的,比如摄像头的帧率是30 FPS,那么相当于每隔33 ms就会有一张图到达,这时候就需要立即处理,尽早搞明白周围的状况而对车辆做出必要的控制。端侧的处理能力 = 分辨率 × 刷新率。工业场景下基于图片高速高精度检测和识别,同时提高了分辨率和刷新率,这就对端侧的处理能力提出了更高的要求。检测和识别之后,还要基于模型给出推理判断,对实时性的要求更高。

要求。

可解释性问题[①]即是上一章节中所说的人工智能技术现阶段无法突破基础知识方面的认知。贝叶斯网络创始人朱迪亚·珀尔（Judea Pearl）曾表示，几乎所有深度学习的重大进展实际上只是在进行曲线拟合而已。深度学习在某种程度上只是曲线拟合，而并非真正理解数据的本质。它们只是在学习如何识别某些模式，并根据这些模式进行预测。因此，所有的机器学习工作都是在诊断模式下进行的，即识别和预测已知的模式，而不是探索未知的原因和关系。简单举例：我们可以在不知道数理定理、生化原理、信息传递机制等情况下学会骑自行车，这类学习如同一个黑箱，我们输入指定动作，得到确定的结果，而不必深究"如何达成"。当我们的认知得到发展，骑自行车这类事实就可以通过相关知识进行因果解释，变得透明化；而那些人类暂时还不知道的，就还在黑箱里，存在可解释性问题。人工智能领域目前无法直接依据因果关联给出判断，陷入了概率关联的困境。因此，想要利用人工智能技术在工业领域解决相关核心问题还需等待人工智能技术在可解释性问题上的进一步发展，用因果推理来取代现有的简单推理，以取得工程/科学本质问题的突破。

适应性问题通常包括模型之间的交互、软件和硬件的适应性以及算法的数据/任务适应性。在实际应用过程中，由于端侧（产品端包括电脑、手机、汽车、家用电器等，设备端包括各种机床、自动化设备等）的多样性，不同端侧的系统适配不同的开发环境，工业智能算法通常通过各种不同的软件框架来实现。这种情况导致了两个问题：一方面，不同框架下开发的模型之间难以迁移，因此增加了模型部署的复杂性；另一方面，不同的软件框架和底层芯片之间的存在软硬件兼容性问题，需要更良好的适应性。随着人工智能在工业应用的深入，工业设备产品与应用场景存在差异化与多样性，这也要求人工智能技术具备数据/任务之间良好的适配性以满足不同应用场景与数据的需求。

总的来说，要拓展工业智能应用场景，深化人工智能技术在工业系统中的应用，还需要在关键技术上取得突破。破解上述四类问题，需要从人工智能技术三要素（数据、算力和算法）的逻辑出发，在问题对应的算法、框架、编译器和芯片四方面发力。

先说数据方面的挑战。工业互联网产生了大量来自产业链上下游和跨境的数据，工业智能首先需要实现数据的集成，特别是工业数据与自动化领域数据的叠加，形成工业大数据。这方面的主要核心技术有物联网（internet of things，IoT）、微机电系统（micro-electro-mechanical systems，MEMS）传感器和大数据技术。

再说算力[②]方面的挑战，这和上面的工业数据关系紧密。当前资源及相关数据存在集中化和边缘化两个极端趋势，对应集中化趋势，产生了以云计算为代表的集中式计算模式，它有效利用了互联网基础设施，降低了企业投资、建设、运营和维护的成本，给行业带来了深刻的变化。边缘化趋势则与物联网的发展密切相关。物联网技术的发展催生了大量智能终端，它们类型多样，在物理分布上位于网络的边缘，云计算模式对它们而言并不适用。于是产生了边缘计算：大量物联网终端设备趋于自治，能够本地解决多个处理任务。这种计算模

[①] 广义上的可解释性指在我们需要了解或解决一件事情的时候，我们可以获得我们所需要的足够的可以理解的信息。如果在一些情境中我们无法得到相应的足够的信息，那么这些事情对我们来说都是不可解释的。

[②] 计算能力，指的是数据的处理能力。

式节省了大量计算、传输和存储成本,提高了计算效率。工业智能需要综合利用云计算等集中式计算模式和边缘计算来加强算力。

说到算法,工业智能发展的核心驱动力还是算法。四类问题中,可靠性、可解释性与适应性问题都需要通过算法层面的技术进步来解决。从工业场景实际需要解决的问题出发,设计定制相应算法可以解决可靠性问题。近年来人工智能可解释性的相关研究不断涌现,人们对深度学习等一系列人工智能算法的认知进一步深入,算法应用逐渐逼近人类认知逻辑,各类黑箱模型慢慢具备可解释性,相信在不远的将来,工业智能技术可以逐步实现透明化,解决可解释性问题。解决适应性问题,模型转换方面,可以采用迁移学习[①]等算法,在新设备上应用相关已学习的经验知识,训练生成新模型;新应用场景下,当新问题的数据量不足时,可以采用生成对抗网络(generative adversarial network,GAN)这种深度学习模型,生成新的训练数据,解决问题。总之,算法的突破正在一步步扩展工业智能应用场景的边界。

算法和框架是分不开的。框架是某些算法具体实现的编程环境,或者也可以理解成把算法具体实现的库函数,以及周边工具的集合。对于实现云端训练和推理,传统的深度学习框架诸如 Tensorflow、Caffe、Keras 和 TensorRT 等现在已基本能满足工业场景的应用需求。如阿里云"工业大脑"全面支持上述架构,并广泛应用于新能源、化工和重工业等不同领域。然而,现有的通用框架并不能满足端侧推理的需求,需要进一步进行定制化开发。这是由于不同端侧的软硬件条件不同,一方面自带芯片不同(芯片是专用于某种或者几种算法实现的硬件),另一方面芯片所承载的框架也不一样。不同框架的底层技术不同,相应开发出来的模型通用性不高;工业场景下存在多个实体与模型间的映射(端侧多对一:不同的端侧需应用同一个模型),这就需要不同框架与底层芯片之间具有良好的适配性。如何解决呢? 使用兼容性编译器。编译器就像是一位翻译员,它将高级语言编写的源代码翻译成机器语言,使得计算机可以理解和执行源代码中的指令。编译器分为两个主要阶段:编译和链接。编译阶段将源代码转换为中间代码或者汇编代码,链接阶段将中间代码或者汇编代码转换成机器语言,并将各个模块链接在一起,形成可执行文件。兼容性编译器是一种能够将旧版编程语言的源代码转换为新版编程语言的源代码,以保证旧版程序能够在新版编程环境下正常运行的编译器。它解决了不同版本之间的兼容性问题,提高了旧版程序的可维护性和可迁移性。因此工业智能迫切需要能支持不同框架架构并满足多样化工业场景的兼容性编译器来解决适应性问题。

传统的中央处理器(central processing unit,CPU)是一种超大规模集成电路,是计算机的核心之一,用于执行运算和控制指令。CPU 由多个运算核心、控制单元、缓存等组成,能够对数据进行处理和控制计算机的各种操作。负责运算的部分是结构中单独的算术逻辑单元(arithmetic logic unit,ALU)模块,其他模块如寄存器部件和控制部件等的存在是为了保证指令的有序运行。通用 CPU 架构非常适合传统编程,但对于海量数据操作的计算需求,没有太多的深度学习指令,有着先天的劣势——虽然通用性最强,但是效率低,还存在严重的延

---

① 迁移是个心理学概念。它指一种学习对另一种学习的影响,亦即一种情境中获得的技能、知识或态度对另一种情境中技能、知识的获得或态度的形成的影响。迁移学习(transfer learning)是一种机器学习方法,一个预训练的模型被重新用在另一个任务中,也就是把为任务 A 开发的模型作为初始点,重新使用在为任务 B 开发模型的过程中。

迟现象。而工业智能复杂的应用场景以及爆炸性的数据量对深度学习的算力有着极高的要求，CPU不能满足工业智能实时性端侧推测的需求。解决实时性问题的根本途径还是研发更高效的人工智能芯片。

图6.3展示了不同人工智能芯片的特征分布。目前，人工智能芯片有两种发展途径：第一种是优化传统的计算芯片架构，强化加速计算能力，主要包括图形处理器GPU、现场可编程门阵列（field programmable gate array，FPGA）和专用集成电路（application-specific integrated circuit，ASIC）；第二种则是不采用冯诺依曼架构①，而采用类脑神经结构，以此为基础来提升计算能力，典型的代表为IBM TrueNorth芯片。四种芯片对比如下：GPU芯片的优势是通用性最强、速度快、效率高，劣势是功耗性能一般，比较适用于一般的深度学习训练。FPGA芯片是半定制的，可以同时进行数据并行和任务并行计算，具有功耗低、性能高、灵活性强、可编程性强等优点，特别是在处理特定应用问题上，效率明显提高，但它对用户有较高的要求[4]。ASIC芯片是完全定制的，旨在满足特定的应用需求可以高度优化设计，以实现更高的性能和更低的功耗。其缺点包括开发成本高、周期长以及通用性和灵活性差。类脑AI芯片是一种新型的人工智能处理器，其设计灵感来源于人脑的神经网络结构和信息处理方式。类脑AI芯片通过模拟神经元之间的相互作用，能够实现高效的模式识别、自适应学习和决策等能力。现阶段虽然类脑AI芯片在处理具有一定规律性和结构性的任务时表现出色，但是对于需要进行高度抽象和推理的任务，其表现可能还有待进一步提升。在未来希望开发出一种新的类脑计算机架构，低功耗、高效率、通用性强、灵活性高，以适用于端侧更多样的边缘设备。GPU和CPU芯片是现阶段人工智能市场的主流，但随着FPGA和ASIC芯片不断优化视觉、语音和深度学习算法，这两者的市场份额正在逐渐增加。未来，这四种类型的芯片都有可能长期共存，并在不同的应用场景中发挥各自的优势。而从长远来看，类脑AI芯片才是人工智能发展的路径和方向。

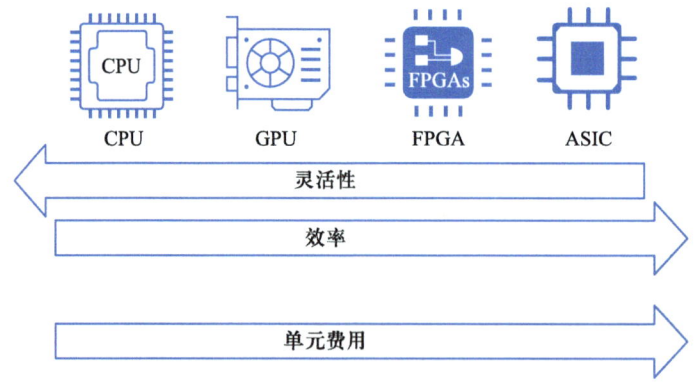

图6.3　不同人工智能芯片的特征分布

---

① 冯·诺依曼结构也称普林斯顿结构，是一种将程序指令存储器和数据存储器合并在一起的存储器结构。它将程序和数据一样看待，将程序编码为数据，再将两者存放在同一个存储器的不同物理位置中，减少了硬件的连接，将程序从硬件实现转换为软件实现，这样计算机可以通过编译程序来提升数据处理能力。

6.2 智能制造与智能工厂

6.2.1 智能制造的发展历程及其内涵

20世纪80年代,传统制造业在世界各国得到了不同程度的发展,随着计算机和自动化技术的进步,从柔性制造单元①和柔性制造系统②到计算机集成制造③和智能制造④,人们用不同的术语来描述自动化制造[5],最终逐步产生了智能制造(intelligent manufacturing,IM)的概念。智能制造最初的两个概念——智能制造技术(intelligent manufacturing technology,IMT)和智能制造系统(intelligent manufacturing system,IMS)源自工业界将传统制造技术同计算机科学和人工智能技术结合。

1989年,日本率先提出智能制造系统的概念,并开始了相关研究。随后,在1990年,日本东京大学工程系向欧美国家的政府和工业界人士提出了一项"智能制造系统"研究计划的建议,并获得了日本工业界和其他国家的强烈支持。在1993年到1994年期间,这个试点项目得到了日本、美国、欧洲、加拿大和澳大利亚的73家公司和60余所大学及研究机构的参与,以检验计划的可行性。最终,这个国际合作研究计划"智能制造系统IMS"获得成功。

进入21世纪,随着信息技术的不断发展和应用,智能制造的内涵也被进一步扩展,世界各国也正进一步加速布局相关国家级智能制造计划。比如众所周知的德国"工业4.0战略":2011年4月3日德国汉诺威博览会开幕式上德国总理默克尔致辞,"工业4.0"(Industry 4.0)的概念被第一次提出。它本是2010年7月德国联邦教研部(BMBF)在《德国2020高技术战略:创意·创新·增长》(2020 High-tech Strategy for German: Idea Innovation Growth)中所提出的十大未来项目之一。2013年,德国政府将其纳入"高科技战略"的框架之下,升级为国家战略,投入大量资金,并制定出了一系列措施,推动其从概念走向应用。内容包括在高度灵活的批量生产条件下对产品进行精细化定制,通过引入自我优化、自我配置、自我诊断、认知以及为工人在日益复杂的工作中提供智能化支持的方法,全面提升制造业自动化水平。

2012年,美国通用电气(GE)提出了"工业互联网"的概念,其内涵非常接近德国的"工业4.0战略"。工业互联网是指将传统工业与互联网技术相结合,通过物联网、大数据、云计

---

① 柔性制造单元:由一台或数台数控机床或加工中心构成的加工单元。该单元根据需要可以自动更换刀具和夹具,加工不同的工件。所谓柔性,是指一个制造系统适应各种生产条件变化的能力,它与系统方案、人员和设备有关。柔性制造单元有较大的设备柔性,但人员和加工柔性低。
② 柔性制造系统:由统一的信息控制系统、物料储运系统和一组数字控制加工设备组成,能适应加工对象变换的自动化机械制造系统(flexible manufacturing system,FM)。
③ 计算机集成制造(computer integrated manu-facturing,CIM):指在所有与生产有关企业部门中集成地用电子数据处理,CIM包括了在生产计划和控制、计算机辅助设计、计算机辅助工艺规划、计算机辅助制造、计算机辅助质量管理之间信息技术上的协同工作,其中为生产产品所必需的各种技术功能和管理功能应实现互联集成。
④ 智能制造(intelligent manufacturing,IM)是一种由智能机器和人类专家共同组成的人机一体化智能系统,它在制造过程中能进行智能活动,诸如分析、推理、判断、构思和决策等。通过人与智能机器的合作共事,去扩大、延伸和部分地取代人类专家在制造过程中的脑力劳动。它把制造自动化的概念更新,扩展到柔性化、智能化和高度集成化。

算等技术手段,将生产过程中的各种设备、机器、工具等物理设备连接起来,构建一个智能化、高效化的生产系统,以实现生产流程的自动化和智能化。工业互联网可以帮助企业提高生产效率、降低成本、改进产品质量、实现智能制造,并且具有广阔的应用前景。

自改革开放以来,中国制造业迅速发展,现已建立起相对完善的制造业体系。中国已经超过美国成为世界制造业第一大国,成为推动全球经济发展的重要力量。制造业的技术创新有力推动了我国在载人航天、载人深潜、大型商用飞机、卫星导航、高速铁路、超级计算机和海上石油平台等高精尖技术方面的发展,为我国建设成为工业强国奠定了基础条件。但我国仍处在工业化的进程当中,发展水平同世界工业强国存在一定的差距,制造业大而不强、全而不优。具体表现为核心技术对外依存性强,创新能力仍需提高,仍然存在资源利用率低、污染程度高、品牌薄弱、产业结构不合理和信息化程度不足等一系列问题。为了加速实现工业强国目标,国务院于2015年5月发布了《中国制造2025》文件,旨在全面推进制造强国战略的实施。该文件是我国实施制造强国战略第一个十年的行动计划。

智能制造是一个不断演进的大概念,可以概括为三个基本范式:数字化制造、数字化网络化制造、数字化网络化智能化制造,这些构成了新一代智能制造。新一代智能制造是新一代人工智能技术与先进制造技术的深度融合,渗透于产品设计、制造、服务全生命周期的各个环节以及相关系统的优化和集成,不断提升企业的产品质量、效益和服务水平,减少资源消耗。它是新一轮工业革命的核心驱动力,也是未来数十年制造业转型升级的主要路径。

智能制造在国际上尚无公认的定义。据美国国家标准与技术研究所(NIST)的描述[6],智能制造具有以下特点:(1) 智能制造是一个全面集成、协作的制造系统,能够实时应对工厂、供应网络和客户需求中不断变化的要求和条件。(2) 智能制造整合了制造技术、传感器、计算平台、通信技术、数据密集型建模、控制、模拟和预测工程等。(3) 智能制造改变了传统制造业的生产方式、人机关系和商业模式,实现了与通信技术、互联网信息技术和人工智能技术的深度融合和创新。(4) 智能制造同时包括了网络物理系统、物联网、云计算、面向服务的计算、人工智能和数据科学等概念。这些概念和技术之间互相重叠、交叉、影响作用,促使智能制造成为下一次工业革命的标志。

6.2.2 智能制造关键技术

自21世纪以来,数字化和网络化的广泛应用已经使得获取、使用、控制和共享信息变得快速和经济,从而促成了真正的大数据的产生。这种变化加快了创新的速度,并且拓展了应用的范围。人工智能向新一代人工智能技术演进伴随着物联网、云计算(cloud computing,CC)、大数据分析(big data analysis,BDA)、信息物理系统(cyber-physics system,CPS)和数字孪生(digital twin,DT)等智能技术的广泛应用与进步。图6.4展示了智能制造的相关关键技术。新一代人工智能采用了更高级别的深度学习、强化学习、自然语言处理等技术,可以实现更加智能化的机器学习和自主决策。这使得机器能够更加准确地识别和理解人类的语言、图像和行为,以及能够自主学习和适应不同的环境和任务。新一代人工智能应用于制造业,将有助于提高生产效率,推动制造业进入新的发展阶段——新一代智能制造(smart manufacturing,SM)。新一代智能制造是指在传统制造基础上,采用了先进的信息技术、自动化技术和智能技术,实现生产全过程的数字化、网络化、智能化。这使得制造过程更加高效、精确和柔性化,并且能够实现高度定制化的生产,满足不同客户需求。新一代智能制造将有助于提高生产效率,节约资源,减少环境污染,同时也将改变人们的工作方式和生产模式。

新一代智能制造由数据和知识同时驱动,使用先进的信息通信技术和数据分析技术,实时传输和分析制造业整个产品生命周期内的全部数据,并基于智能模型进行模拟和优化。信息物理系统是近年来新兴的一种综合性技术系统,将计算机科学、控制理论、信息技术和物理学等多学科融合起来,实现智能化、网络化和自主化的物理系统。CPS 的发展对于推动制造业进入智能化、网络化和自主化的新阶段具有重要意义,有望为智能制造的实现和发展提供技术支撑。在智能制造领域,CPS 可以实现制造过程和制造设备的智能化和网络化,提高生产效率、质量和灵活性,并支持智能制造的各种应用场景,如工业互联网、智能工厂、智能物流等。CPS 在智能制造中的地位不断提升,成为推动制造业转型升级的重要手段和支撑。

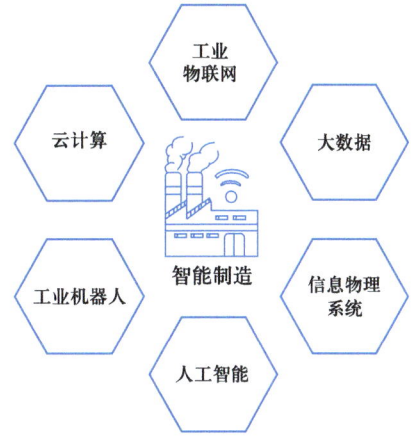

图 6.4　智能制造的相关关键技术

CPS 是一个集成了信息网络世界和动态物理世界的多维复杂系统[7]。其中,物理组件包括各种传感器、执行器和智能设备等,可以采集和处理来自环境的信息;计算机系统负责对数据进行处理和分析,同时还可以通过网络与其他系统进行通信和协同工作;网络通信则提供了连接各个组件的通信通道,实现了不同组件之间的信息共享和协作。通过计算(computation)、通信(communication)和控制(control)(简称 3C)的整合和协同,CPS 将传统的物理系统、计算机系统和网络系统相互融合,实现信息的高效流动和实时传递。CPS 可以将传感器、控制器、嵌入式计算机和通信技术等集成在一起,实现自主决策、远程监控和控制等功能。

使用数字技术来构建物理系统的虚拟副本,以实现实时监测、仿真和优化物理系统的运行状态和行为,这一过程被称为数字孪生。CPS 和 DT 都包括两个部分:物理部分和网络(数字)部分。如图 6.5 所示,物理部分是指由物理实体(如传感器、执行器、机器人等)组成的实际物理系统,这些物理实体可以感知、控制和影响其周围的物理环境,并与网络部分进行通信。网络部分则指连接这些物理实体的通信和信息技术基础设施,包括各种网络、通信协议、软件、云计算等技术[7],这些技术可用于实现数据的采集、传输、处理和分析,以及在物理系统和数字系统之间实现交互和反馈。物理部分提供感知和控制能力,通过传感器获取实时数据,通过执行器控制物理实体的状态和行为;网络部分提供数据处理和控制指令传输的功能,将从物理部分获取的数据传输到数字孪生模型中进行分析,生成控制指令并传输回物理部分执行。物理部分和网络部分的紧密结合,是 CPS 实现智能化控制和优化决策的关键。

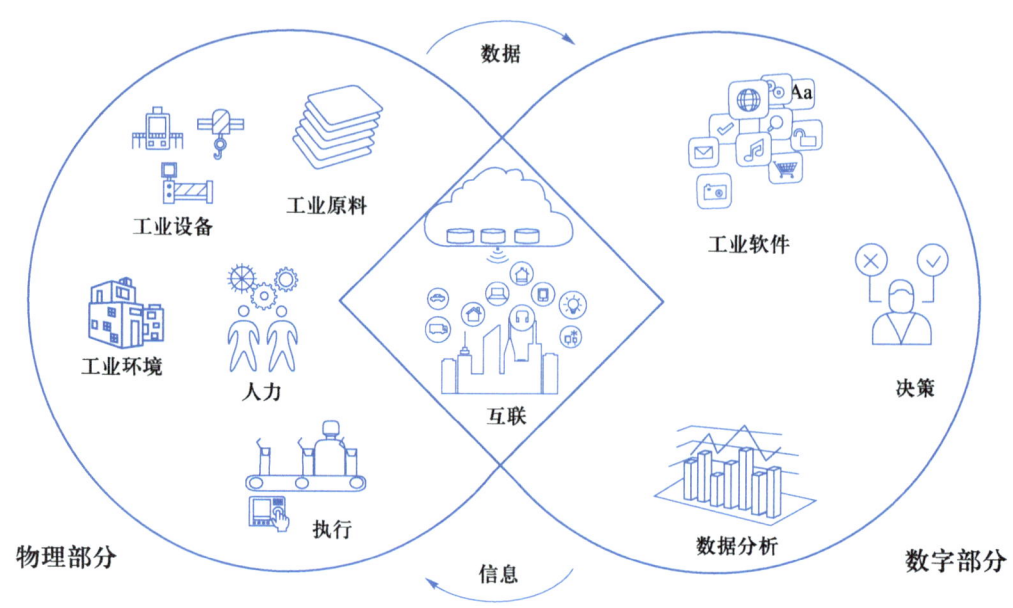

图 6.5　物理部分和网络(数字)部分之间的映射关系

CPS 涉及控制论、机械机电工程、设计和流程科学、制造系统和计算机科学等大量的跨学科方法,其中的关键技术是使物理和网络映射之间高度结合的嵌入式系统[①]。不同于传统设备单个独立的嵌入式系统,CPS 嵌入式系统的核心元件是多端的传感器和执行器,目的是实现物理部分和网络部分之间的数据交互:假设在一个工厂生产线上,需要控制机器人的动作,机器人的执行器可以通过网络接收到从可编程逻辑控制器(programmable logic controller,PLC)或者人机界面发送的指令。而机器人上的传感器可以通过网络将机器人运动过程中的实时数据,例如速度、位置等传输到 PLC 或人机界面上进行实时监控和分析。这样,机器人的执行器和传感器就实现了物理部分和网络部分之间的交互。如图 6.6 所示,传感器和执行器是将物理世界和网络世界连接起来的桥梁,通过收集和传输物理过程的数据,以及根据计算机系统的指令执行动作,从而实现对物理过程的监控和控制。传感器和执行器的使用使 CPS 可以实现实时监测和控制物理过程,优化生产效率、提高安全性和可靠性,提升机器自动化和智能化程度。

因为上述特性,CPS 同时又是物联网和工业物联网(industrial IoT,IIoT)的基本技术平台。物联网中,各个物体都嵌入了电子传感器、执行器或其他数字设备,支持联网和互相连接,以便于收集和交换数据。也就是说,物联网能够提供物理对象、系统和服务的高级连接,实现对象和对象之间的通信和数据共享。未来物联网将成为尖端技术的更大融合,大量传统领域将被物联网技术改造,包括无处不在的无线标准、数据分析和机器学习。工业物联网

---

① 嵌入式系统是软硬件紧密集成的最终系统,是能够独立进行运作的器件。它以应用为中心,以现代计算机技术为基础,能够根据用户需求(功能、可靠性、成本、体积、功耗、环境等)灵活裁剪软硬件模块的专用计算机系统。嵌入式系统的最基本支撑技术,大致上包括集成电路设计技术、系统结构技术、传感与检测技术、嵌入式操作系统和实时操作系统技术、资源受限系统的高可靠软件开发技术、系统形式化规范与验证技术、通信技术、低功耗技术、特定应用领域的数据分析、信号处理和控制优化技术等,它们围绕计算机基本原理,集成进特定的专用设备就形成了一个嵌入式系统。

是物联网技术在工业领域的应用,它将传感器、设备、机器和系统连接在一起,通过互联网和数据通信技术实现数据的采集、传输、处理和应用,以实现制造业数字化、网络化和智能化的发展。工业物联网的作用在于提高生产过程的效率和质量,降低生产成本,增强制造业的竞争力,推动工业模式和业务模式的变革,实现智能制造等目标。

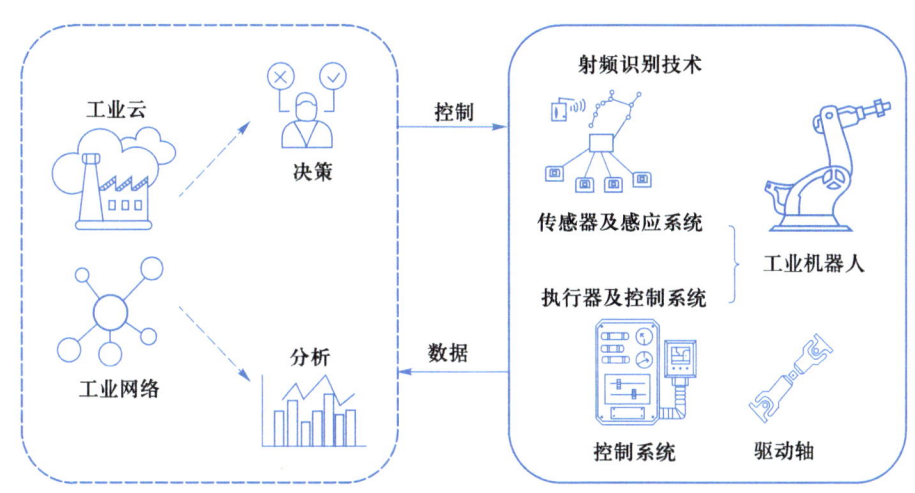

图 6.6　传感器和执行器是 CPS 的核心要素

射频识别技术(radio frequency identification,RFID)是物联网和工业物联网的技术基础。RFID 是一种无线通信技术,利用电磁场自动识别并读取存储在 RFID 标签中的数据,从而实现对目标物体进行跟踪和管理。RFID 标签(一般是直接粘贴、附着在目标物上)可以是代码、条形码或二维码,是分配给产品和设备的唯一有效标识(唯一 ID),能够做到真正的"一物一码"。此外,RFID 标签的优点,还包括无须视线接触、高速读写、可读取多个标签、存储容量大、耐用性强、适应性强、易于集成到现有系统中、可提高生产效率和减少人工错误等。因此,RFID 设备不仅可以帮助终端用户完成对联网物体的日常操作,还可以捕获与这些操作相关的数据,实现实时生产管理。例如,RFID 标签在汽车制造领域有着广泛的应用,包括车辆生产、装配和物流管理等环节。在车辆生产过程中,RFID 标签可以被嵌入到车身和部件中,用于跟踪和识别车辆和部件的制造过程,以及在后续的装配和质量检验过程中进行管理和追溯。在车辆装配过程中,RFID 标签可以被用于零部件的自动识别和定位,以提高装配的精度和效率。在物流管理方面,RFID 标签可以被用于货物的跟踪和追踪,提高供应链的可见性和管理效率。综合来看,RFID 标签的应用可以帮助汽车制造企业实现生产流程的自动化和信息化,提高生产效率和质量,降低成本,提升顾客满意度。

互联网技术的发展使得企业能够更加高效地获取、共享和利用各种信息资源,实现业务流程的数字化和智能化。随着物联网技术的逐渐成熟和广泛应用,大量传感器设备可以实时监测和收集生产线上的各种数据,包括生产过程中的温度、湿度、压力、振动等信息,以及生产设备的使用状态、维修记录等信息,形成了大量的制造业数据。在这种背景下,制造业大数据环境逐渐形成,并成为推动制造业转型升级的重要力量。然而,制造业大数据也带来了许多问题,其中最主要的是数据量巨大、数据类型繁多、数据来源分散、数据质量难以保证、数据安全性等方面的挑战。因此,如何高效地收集、存储、分析和利用制造业大数据,已成为制造业转型升级的一项重要任务。在制造业的大数据环境中,来自传感器、设备和网络的实时数据集往往很多,传统的分析软件难以处理如此复杂的数据。工厂和制造商能够产生大量运营或车间相关数据,有效的数据分析技术对于提升其制造效率和较少制造能耗非常重要。学术和工业研究表明,通过引入大数据分析技术(big data analysis,BDA),零售商可以实现15%~20%的投资回报增长。例如,一家汽车公司可以通过挖掘历史订单和用户反馈,响应用户需求,推出更高满意度的升级新款。再如,生产过程的质量控制关系着产品的最终质量,为此,生物制药生产须监控数百个变量以保证生产过程的准确性,从而提供稳定的产品质量和产量。深入处理相关的大数据,制造商可以发现对质量或产量变化影响最大的关键参数。对来自机器和流程的各种数据进行更深入的分析,能够帮助科学决策,从而进一步提升企业的生产力,保持企业的竞争力。

除了CPS、物联网以及大数据分析之外,云技术也是新一代智能制造的关键技术之一。云技术是指利用互联网和远程服务器的技术,将计算资源、存储和应用程序等服务通过网络提供给终端用户的一种技术。云技术的目标是让用户能够以更低的成本和更高的灵活性使用计算资源。它通常是由大型云服务提供商提供的,如 Amazon Web Services、Microsoft Azure、Google Cloud Platform 等。这些服务提供商通常提供弹性计算、存储、网络、安全、数据库等一系列基础设施和应用程序服务,以帮助企业和个人在云上建立和运行自己的应用程序和服务。云技术可以帮助用户实现自动化管理、弹性扩展、高可用性、数据备份等目标,从而大幅提高业务的可靠性和效率。云技术的不同分支,如云计算、云数据、云存储和云安全等,都可以在智能制造中发挥重要作用,其中云计算是云技术的底层支撑。早期的云计算可以说是一种分布式计算,巨大的数据处理任务通过网络分解成为非常多小数据处理任务,被互联的多组服务器认领解决,从而实现对巨量化数据的高效处理。现阶段的云计算是多种互联网信息技术以及计算机技术综合演化的结果。分布式计算和并行计算技术是云计算实现高效、大规模计算的基础,通过将任务分配到多个计算节点上并行处理,可以显著提高计算效率。网格计算技术则提供了更加灵活和动态的计算资源管理方式,可以更好地适应不同的应用需求。网络储存和热备份冗杂技术可以保证云计算平台的高可靠性和高可用性,即使某些计算节点或存储设备出现故障,也可以保证系统正常运行和数据安全。负载均衡技术可以将不同用户和应用程序的计算任务分配到不同的计算节点上,从而平衡系统的负载,提高系统的响应速度和资源利用率。最后,虚拟化技术是云计算实现资源共享和弹性扩展的关键技术,通过将物理计算资源虚拟化为多个逻辑资源,可以实现资源的灵活调配和多租户共享,从而提高系统的利用效率和灵活性。为制造业提供相应软件服务的"工业云"模式,可以让制造业企业实现资源共享,加速向新一代智能制造的转型。

工业机器人[①]技术是智能制造中的另一项关键技术,它是机械、电子、计算机、电气控制

---

① 工业机器人是广泛用于工业领域的多关节机械手或多自由度的机器装置,具有一定的自动性,可依靠自身的动力能源和控制能力实现各种工业加工制造功能。

和人工智能等诸多学科跨学科应用的成果。工业发达国家已经在多个行业特别是制造业生产中广泛应用了工业机器人。根据国际机器人联合会的数据[8],截至 2020 年,全球工业机器人总装机量估计达 270 万台。工业机器人由机械部分、传感部分和控制部分以及机械结构系统、驱动系统、感知系统、机器人—环境交互系统、人机交互系统和控制系统六大子系统组成。

按照臂部的运动类型区别,工业机器人可分为以下六类。

(1) 铰接式机器人:铰接式机器人是最为常见的工业机器人,俗称"机械臂",因为它们看起来像人的手臂,具有多个自由度的关节允许其进行更为自由的运动。

(2) 笛卡尔坐标机器人:笛卡尔坐标机器人也被称为直线或 xyz 机器人,是一种常见的工业机器人,它具有三个用于工具运动的直线关节和三个用于空间定位的旋转关节。它可以在笛卡尔坐标系中自由移动,沿着三个轴进行直线运动,并且在需要进行复杂三维定位和精细操作的工业生产线上得到广泛应用。

(3) 圆柱形坐标机器人:圆柱形坐标机器人的特点是底部带有旋转关节和棱柱形关节,可在垂直和水平方向上移动。紧凑的效应器设计使这种机器人可以在不损失速度的情况下到达狭小的工作空间,通常用于汽车制造、电子制造、医疗手术和科学研究等领域。

(4) 球形坐标机器人:球形坐标机器人只有旋转接头。它们是最早被用于工业应用的机器人之一,通常用于压铸、塑料注射和挤压的机器维护,以及焊接。

(5) SCARA 机器人:选择顺应性装配机器手臂(selective compliance assembly robot arm,SCARA)是一种特殊类型的工业机器人,具有 3 个旋转关节,其轴线相互平行。该机器人适用于平面定位和垂直方向进行装配的作业,并且适合需要精确横向运动的工作。因此,SCARA 机器人是组装应用的理想选择。

(6) Delta(三角洲)并联机器人:三角洲并联机器人又称平行链接机器人。它们由连接到一个共同底座的平行链接组成,充分利用了四杆或平行四边形联动系统的优势,对于直接控制任务和高机动性操作(如快速取放任务)特别有用。

6.2.3 智能工厂

工厂对原材料和半成品等进行加工以生产产品。传统工厂在生产和管理过程中涉及多种物理和信息子系统,但这些子系统之间存在信息阻断的现象,信息流的连续性和一致性难以得到保证。工业 4.0 的深化推动数字世界和物理世界逐步融合,制造流程正在实现互联互通。智能工厂能够从互联互通的运营和生产系统中不断地获取数据,分析决策以适应生产的新需求,代表了制造业从传统自动化向完全互联和柔性系统的飞跃。

图 6.7 描述了一个由物理资源层、工业网络层、云层和监督与控制终端层组成的智能工厂简要框架[9]。智能事物通过工业网络相互通信,实现了物理资源。云中有各种信息系统,可以从物理资源层获取海量数据,并与终端进行数据交互。这种实体框架使信息在网络世界自由流动。这种 CPS 高度集成了物理组件和信息实体。

物理资源层包括了多种智能组件,相互可通过工业网络通信,并为实现整个系统的目标而协作,形成了一个基于工业网络和智能协商机制的自组织、自制造系统。工业网络层一方面实现了跨设备通信,另一方面连接了物理资源层和云层。工业无线网络优于工业以太网等有线网络,提供更灵活和方便的无线连接,是智能工厂的必经之路。云层是智能工厂的另一个基础。借助云计算技术,互联网被虚拟化为一个巨大的资源池。智能设备在运行时产生的海量数据可以通过信息网络传输到云层,供信息系统处理。因此,从存储空间和计算能力都可以按需扩展的意义上说,云层为大数据应用提供了一种非常灵活的解决方案。监督与控制终端层将人们与智能工厂联系起来。通过PC、平板、手机等终端,人们可以通过互联网远程访问云端提供的统计数据,进行系统配置,设备维护和诊断。

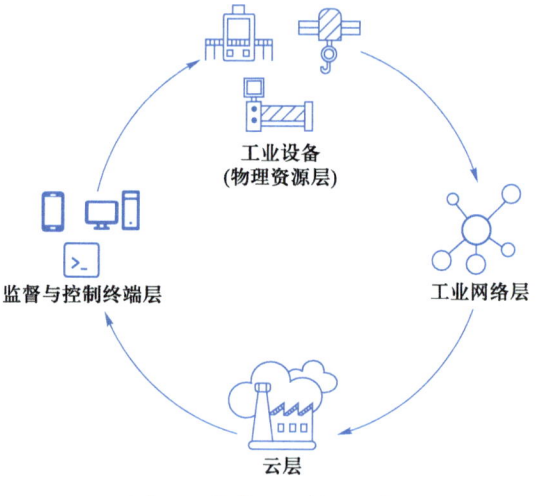

图 6.7 智能工厂简要框架

图 6.8 演示了传统工厂与智能工厂生产线对比。传统的生产线一般由几台机器和一条传送带组成,旨在生产单一类型的产品。传送带一端输入,另一端输出,机器沿线部署。产品流过生产线,沿线的每台机器都会执行其预定的部分任务,步骤衔接,完成固定的加工制作程序。每台机器自带独立的控制器,机器之间通信很少。而智能工厂生产系统旨在生产多种类型的产品,需要根据实时需求对机器进行智能调配和协同生产。

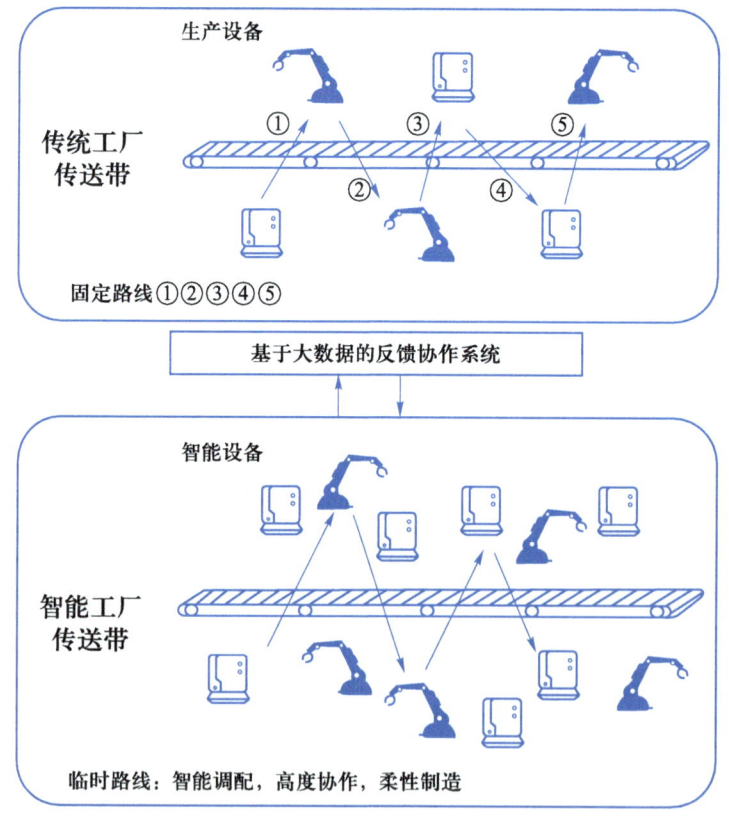

图 6.8 传统工厂和智能工厂生产线对比

可以把这个生产系统看作一个闭环系统:(1) 控制回路的中心是智能设备网络。(2) 智能设备具有自主性,可以自己做出相应决策;(3) 不同的智能设备间遵守一套既定的规则,具备一定的社会性,它们共同形成了一个高度灵活的可以自行组织与重新配置的柔性制造系统;(4) 通过协作分工,智能设备会根据局部信息进行相应的调整,以尽可能地接近系统最佳性能;(5) 智能设备的决策在生产线全局的信息传递上存在延迟效应,这使得系统并不是实时处于最佳状态,反而有可能因为指令冲突出现死循环;(6) 为了防止死锁并进一步优化系统,智能机器以及分布式传感器将自身状态和数据传输到云端,云端提取了系统的整体状态,运用大数据分析模块处理决策,再反馈回端侧,实现分布式智能设备间的行为协调,并调整相应的性能指标,保证系统的最佳运行。

相较于传统生产模式,智能工厂是一种颇具前景的生产范式,具备多个优势。

一是生产具备灵活性。智能设备可以自动配置生产多种类型的产品,甚至生产新产品,以及时应对不断变化的市场和消费需求。自组织和动态重新配置也带来了更好的鲁棒性,新机器可以以即插即用的方式加入系统,故障机器不会影响系统。

二是可以高效地生产不同类型的小批量产品,进行有效定制。一方面,在不同类型的产品之间切换时,设置时间被最小化。另一方面,通过大数据反馈协同优化生产流程,缩短平均制造流程,提高机器等资源利用率。

三是可以实现更好的资源和能源效率。基于大数据分析,一方面,我们可以建立准确的生产过程知识和保障体系,提高产品质量水平和成品率。另一方面,在生产之前确定所需的原材料,可以最大限度地减少产品冗余。此外,智能机器以更智能的方式运行,可以降低能耗。

四是能够更快地做出准确有效的决策。大数据为智能工厂的各个方面提供实时、完整和有效的信息,通过量化与机器、产品和系统相关的性能指标,进行大数据分析,可以快速决策,促进生产计划,并加快对市场询价的响应。

最后,智能设备自动运行,无须工人执行日常任务。借助大数据分析、强大的软件工具以及更加友好灵活的界面,维护和诊断变得更加容易,实现了人和机器的云端交互。

6.3 工业中的能源可持续性

6.3.1 工业 4.0 下的能源可持续性

1987 年,《布伦特兰报告》由世界环境与发展委员会发布,其中对可持续发展进行了经典阐述:可持续发展是一种既能够满足现代社会需求,又不会危害后代人满足其需求的发展模式。可持续发展观或者说可持续性的发展理念虽然是现代文明发展的产物,但它的实践早已存在于整个人类历史文明发展的各个阶段。例如,远古人类从狩猎文明转向农业文明,实现了资源的可持续性利用。

可持续性的概念与能源消耗密切相关。能源是影响自然与人类社会之间关系的关键因素。能源需求的增加是经济技术进步的体现。早期文明利用的能源有限,随着工业革命和技术的进步,交通、供暖和电力构成了工业社会人类主要的能源需求。以煤炭、石油、天然气和其他常规能源为代表的各种能源塑造了现代人类文明,人类对这些能源的消耗呈指数式增长,目前已达到一定的限度,能源消耗的进一步增加将会对社会、环境乃至经济产生不利影响。如果依据当前世界碳排放政策,预计到2050年全球因气候变化导致的温度上升将达2.6℃。届时全球变暖将对世界环境和经济产生不可逆的严重影响。图6.9展示了2050年1.5℃愿景下在工业、运输业和建筑业的二氧化碳减排方案比较[10]。2050年1.5℃愿景是指国际可再生能源署提出的到2050年将全球升温幅度限制在1.5℃并将碳排放降至净零的路径。图6.9中工业、运输业和建筑业须分别达到每年11.9 Gt、8.4 Gt和2.3 Gt的CO_2减排目标才能够实现至2050年1.5℃的升温幅度。同时各个减排策略及其所占减排比重也被标注于图中,其中相关策略有:采用可再生能源、提高能源利用效率、实现用能终端电气化、充分利用氢能及衍生物、采取碳捕集储存(carbon capture and storage,CCS)和碳捕集利用(carbon capture and utilization,CCU)措施以及使用带有CCS的生物质能源(Bioenergy with CCS, BECCS)及其他减排措施。

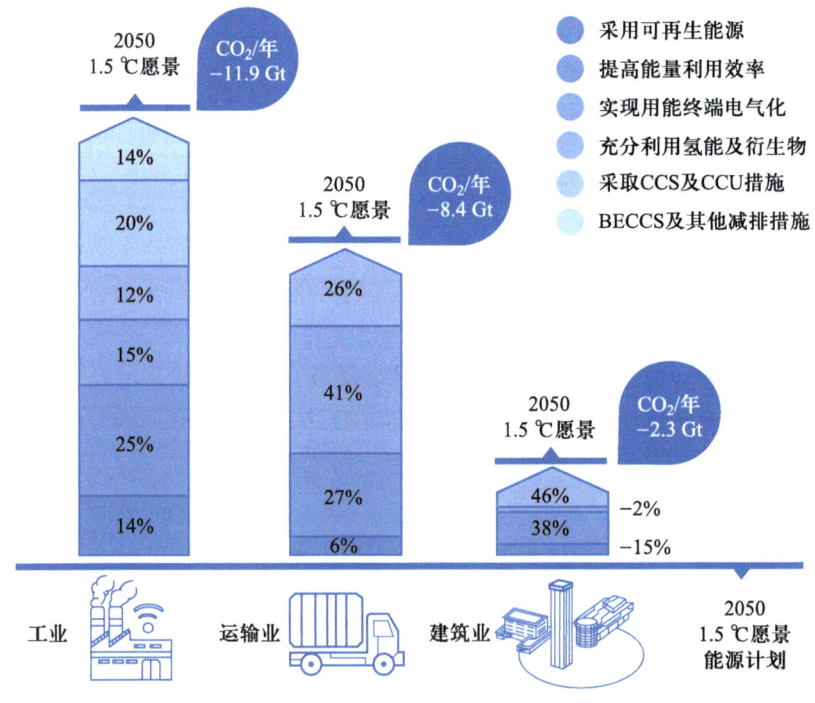

图6.9　2050年1.5℃愿景下在工业、运输业和建筑业的二氧化碳减排方案比较[10]

现阶段工业约占全球最终能源消耗的38%,包括过程排放在内的直接工业二氧化碳排放量达到8.5亿吨,约占全球碳排放总量的23%,发电和供热相关的碳排放约占40%[11]。而每年能源相关CO_2排放量需要比现在的水平下降70%才能够达到预定的气候目标。近年来中国的碳排放量也持续增长。2019年,碳排放量增长2.9%,达到9.8亿吨。面对巨大的碳减排压力,中国政府提出到2030年碳排放达到峰值,到2060年实现碳中和。可以说在工业

4.0 的背景下,实现工业的可持续能源转型是实现"碳达峰"和"碳中和"的有效途径。

能源可持续性不仅指在资源利用上尽可能地使用可再生能源,还包括在生产制造过程中对能源利用效率的提升。可再生能源和能源效率是能源可持续性的两大支柱[12]。

现阶段实现能源系统及工业生产过程的数字化是向可持续能源转型的有效手段[9]。图 6.10 展示了人工智能等数字化技术优化赋能可再生能源系统的示意图及相关优势。在工业中,能源系统领先使用数字技术,电力公司是数字技术的实践者,早在 20 世纪 70 年代便开始使用新兴技术改善电网。通过数据统计分析,能够有效地降低电力系统的成本,其中包括降低运营和维护成本、提高电厂和网络效率、减少计划外停机和停机时间、延长资产使用寿命。数字化可以使电网更好地将能源需求与实际有效工作时间相匹配,从而帮助整合可再生能源。在欧盟仅通过响应储存和数字化需求,即可在 2040 年将太阳能光伏和风能的弃电率从 7% 降至 1.6%,预计可减少 3 000 万吨二氧化碳排放。数字化促进了分布式能源的发展,例如家用太阳能光伏电池板和相关储能技术。而石油天然气公司则使用这些技术来进行勘探和相关资产(如油藏和管道)的决策:采用微型传感器和光纤传感器可以提高生产效率或整体采油率,而使用自动化钻机和机器人则可以检查和维修海底基础设施,监控传输管道和储罐。

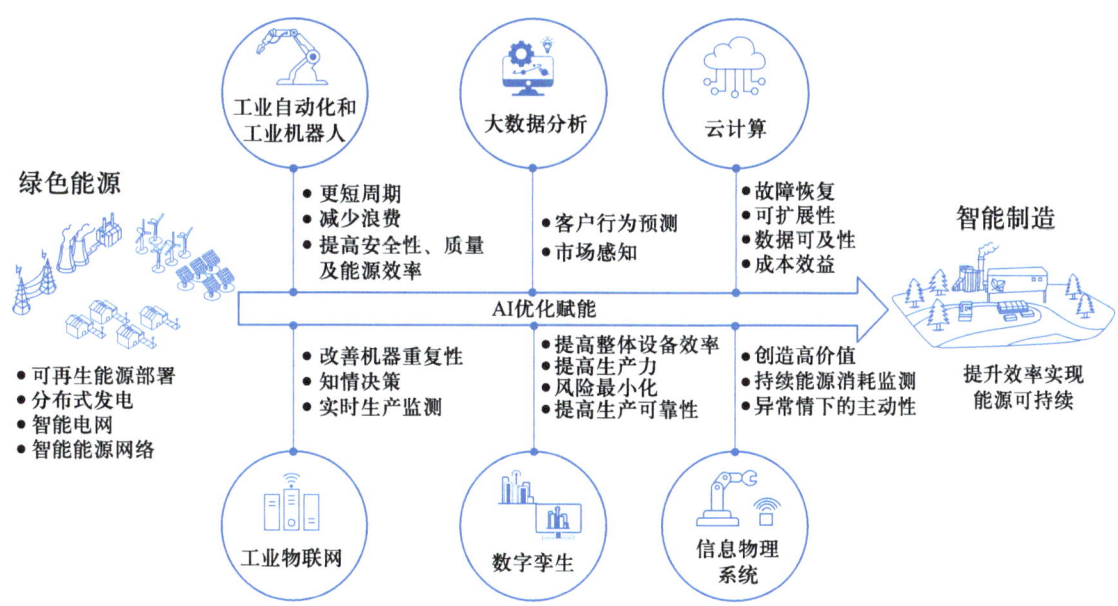

图 6.10　人工智能等数字化技术优化赋能可再生能源系统的示意图及相关优势

而对于工业部门特别是重工业来说,其在过去几十年里便一直使用过程控制和自动化,以此来最大限度地提高质量和产量,同时减少能源消耗。许多工业公司使用数字技术来提高安全性和增加产量。运用先进的过程控制技术,结合智能传感器和数据分析技术,实现设备故障预测,从而进一步实现成本效益明显的节能效果。数字技术也可以对产品制造也产生了影响,也正在逐步成为某些工业应用的标准,提高了制造准确性,同时减少了工业废料。

综上,可持续能源转型和工业 4.0 具有较为一致的特点:两者都受到技术创新的影响,且依赖于新的合适的基础设施和法规的发展。应用工业 4.0 带来的一系列新兴数字化技术，可以加速向可持续的数字化能源系统和数字化生产的过渡。

6.3.2 AI 在可再生能源工业的应用

风能、太阳能和地热能等可再生能源的相关特性对电网的可变负荷功能提出了较高的要求，传统电网无法对可再生能源进行有效整合。而人工智能和其他数字技术能以各种方式助力可再生能源的应用。人工智能技术的新进展（如机器学习、深度学习、物联网、大数据等）正在彻底改变能源行业。目前人工智能应用主要集中于可再生能源的发电预测和预测性维护方面。预测的目的是减少不确定性，为控制电力网络的实际性能提供基准。许多国家运用人工智能技术执行不同类型的任务，如控制和预测电力系统的运行。相关技术被广泛用于预测化石燃料（如石油、天然气、煤炭）和可再生能源（如风能、水能、太阳能和地热）的发电量、负荷需求和电力价格等。在未来，人工智能和大数据将进一步加强决策和规划，状态监测、检查、认证和供应链优化，并将普遍提高能源系统的效率[13]。人工智能技术在可再生能源整合方面的应用如图 6.11 所示。

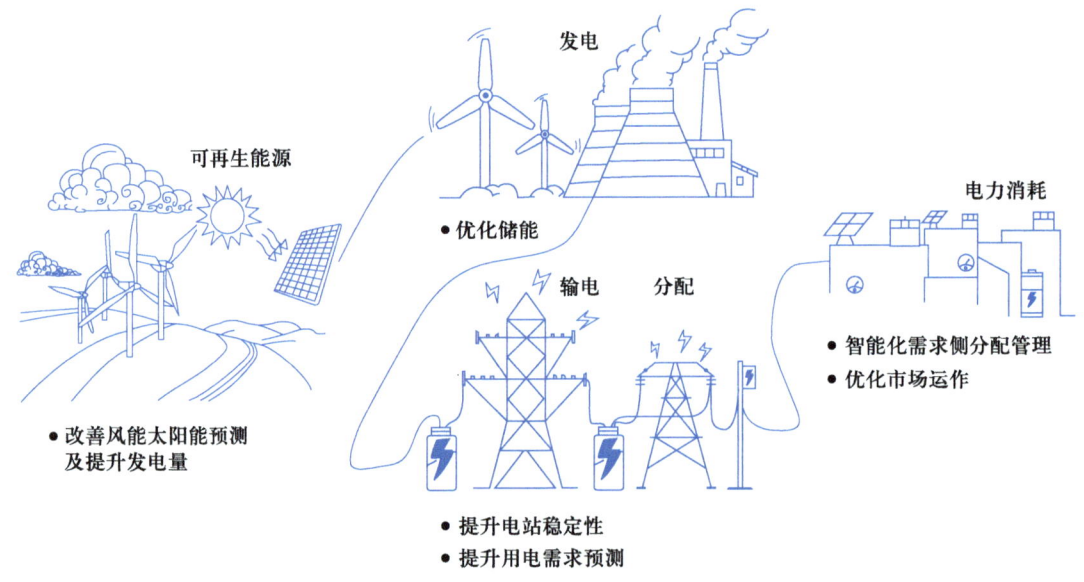

图 6.11　人工智能技术在可再生能源整合方面的应用

人工智能几乎可用于每一种可再生能源的相关设计、优化、估算、分配和管理工作。风能发电可使用神经网络方法预测风速和功率。进入 21 世纪，风电装机容量快速增长。在中国，风电超越核电，成为仅次于火电、水电的名副其实的中国第三大主力电源。风力发电已成为世界上发展最快的可再生能源。一个大型风力发电厂可能包括几百个独立的风力涡轮机，并覆盖数百平方公里的扩展区域，但在涡轮机之间的土地仍然可用于农业或其他用途。因此，有必要对风能进行长期的区域分析，提高分布式可再生能源的渗透率。

人工智能准确预测短期风速，可以更好地帮助电网运营商实现电力需求和供应之间的平衡。在风电场中，空气密度和自然地形环境都是固定的，对风能资源影响不大。而风速会随着大气运动而变化,是风能的决定因素。人们用威布尔概率密度函数来拟合风速的概率分布[①]。据此得到能够通过平均风速、平均风功率密度、有效风功率密度、可用小时数等风能特征,并通过人工智能实时监测,实时计算,实时调整,实现风力发电的高效利用。

此外,人工智能利用多群智能优化算法对威布尔分布的参数进行优化,可以提供更好的风能资源评估结果,明确风电场的风能储量,为风电场长期发电量计算提供参考。人工智能采用数据预处理方法可以有效消除原始风速时间序列的噪声,保持风速数据的特征,提高预测模型的准确性。如此一来,风能决策系统(风能 AI)不仅提供了有效的风能评估,而且能够令人满意地逼近实际风速预测。

太阳能和光伏能源的应用正迅速扩大,已成为全球清洁能源的重要来源。每年全球共消耗 100 亿吨的石油,所提供的能量却不超过地球每天从太阳接收能量的 3%。太阳能发展潜力巨大。但是太阳能高度依赖天气,表现出一定程度的随机性、波动性和可变性,对电力和能源系统的稳定运行影响很大。图 6.12 展示了太阳能利用系统的示意图。太阳能的随机性直接加剧了能源系统的扰动,为保持发电和用电之间的实时平衡,人们不得不增加储备容量和发电成本。加之发电时的电力电子设备会降低电力系统的转动惯量,从而降低系统的稳定性。因此,提高太阳能的预测精度势在必行。

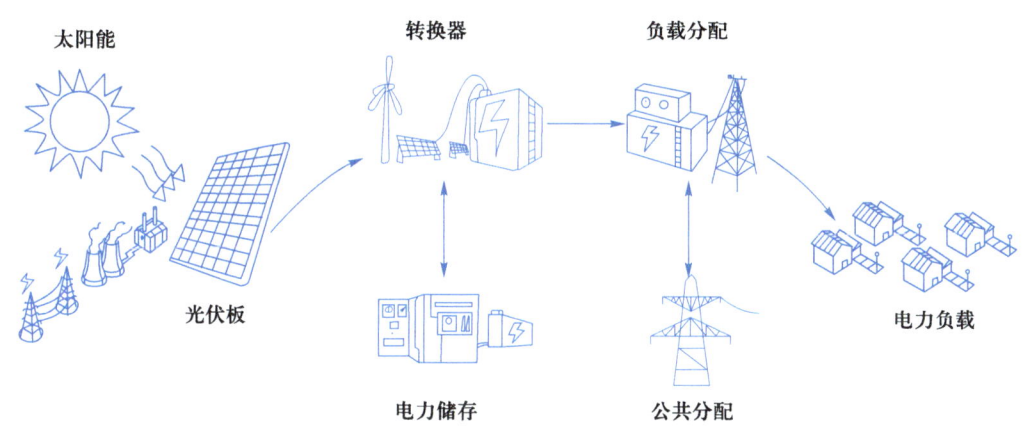

图 6.12 太阳能利用系统的示意图

影响太阳能发电的因素很多,包括太阳辐射、云层覆盖、温度、湿度、大气压力和风速等。由于地球天气系统的混沌特性,这些环境因素随时都可能发生剧烈变化。所以,可靠、准确地预测太阳能是一项具有挑战性的任务。人工智能用于太阳辐照度的预测,方法有物理规则模型、数据驱动方法和混合模型等。物理主导的方法包括数值天气预报方法和基于云的成像方法。前者使用微分方程动态模拟大气状态,计算成本昂贵,通常应用于预测前的几小时和几天内。后者就是我们常见的云相图。云层的存在很大程度影响地面可接收的太阳辐照度,因此,云图像,包括卫星图像和地面天空图像,对于太阳辐照度的短期预测是有价值

---

① 威布尔分布(Weibull distribution)是可靠性分析和寿命检验的理论基础。由于它可以利用概率值很容易地推断出分布参数,所以被广泛应用于各种寿命试验的数据处理。又由于该函数的曲线形状与现实状况很匹配,所以它可以被用来描述风速的分布。

的信息。数据驱动的方法[①]是使用统计模型和机器学习模型学习模型输出和历史数据输入之间的关系来生成预测。数据的质量直接影响数据驱动模型的准确性和可靠性,而建模方法的选择和参数调整也会影响模型的预测能力。混合方法则集成了不同的数据源和建模技术,以提高预测性能。

氢能是21世纪最为瞩目的清洁能源。因为氢气的氧化产物为水,对环境零污染。同时氢燃料电池[②]的能量转换效率超过60%,可实现污染物和二氧化碳零排放。氢能的有效利用有助于解决全球变暖问题、不同地区的整体能源危机以及环境污染问题。目前,氢能产业正处于将氢从工业原料转向能源规模化开发利用的战略转折点。氢能未来发展空间巨大,制氢、储氢和输氢是整条氢能产业链上的主要环节,相关产业链将得到较大发展。

经济性和低碳性是选择制氢技术的关键。现阶段制氢技术主要包括化石燃料制氢技术和清洁制氢技术两大类。化石燃料制氢技术包括天然气重整、煤炭气化等方法,虽然成本较低,但存在二氧化碳排放等环境问题。清洁制氢技术包括电解水制氢、太阳能制氢、生物质制氢等方法,不产生或极少产生二氧化碳,具有更好的环保性和可持续性。然而,清洁制氢技术目前成本较高,需要进一步技术突破和降低成本才能得到广泛应用。此外,还有一些新型制氢技术正在不断研究和发展中,如光解水制氢、化学反应制氢等,这些新技术有望为氢能产业的发展带来更多机遇和可能。化石燃料制氢技术是当前工业制氢主要手段,较之于其他制氢方法,技术更为成熟,原料价格相对低廉,制氢量占世界制氢总量的95%以上。其缺点也很明显,产生了大量二氧化碳的副产品。氢能产业仍处在发展开端,从长远来看,可再生资源制氢是未来的主要发展方向。

氢能行业需要朝着产业化和规模化方向发展,而其中储氢技术的发展是其短板。尽管现阶段已发展了诸如高压储氢、低温液化储氢、有机液态储氢、多孔材料、金属合金等物理固态储氢技术,但目前行业内想要实现氢能的大规模储存和运输,最可行的方法还是高压气体储氢技术和低温液化储氢技术。

在输氢方面,高压氢气采用长管拖车运输,适当提高长管拖车管束的工作压力可以提高氢气运输效率。低温液化氢使用保温罐车运输。而长距离输氢线路需要在前期投入一定规模的资金建设管道,适用于大规模长距离输氢。当未来大规模开发氢能时,可以预见长输氢管道的发展速度将与目前的长输天然气管道一样快。

人工智能技术在氢能领域的应用包括对于以氢为燃料的燃料电池性能预测,混合发电系统优化和储氢优化等多个方面。质子交换膜燃料电池(proton exchange membrane fuel cell,PEMFC)多物理场解析的数字孪生模型对于该技术的进一步发展具有重要意义。可以结合三维PEMFC物理模型和数据驱动模型来构建这一数字孪生[14],从而大大降低模型预测的计算成本和时间。

氢能与其他可再生能源耦合的离网混合可再生能源方案是在偏远地区实现能源可持续的有效方案。可以利用全局动态和声搜索算法对由风力涡轮机、燃料电池、电解槽和氢罐组成的离网混合可再生能源系统进行优化,从而快速精确地获取混合可再生能源系统的最佳

---

① 简单理解,就是先建立一个粗糙的模型,之后用大量的数据来细化和训练模型,使得模型不断契合数据。
② 不同于常见的干电池、蓄电池这类储能装置,氢燃料电池严格地说是一种发电装置,是将氢气和氧气的化学能直接转换成电能的发电装置。它的电极采用特制多孔性材料制成,是氢燃料电池的一项关键技术。

规模[15]。并可通过改变变量等方式将此方法实际应用于具有不同可靠性级别的其他混合能源方案当中。人工智能在储氢方面也具有广阔的应用场景,如利用人工智能算法从材料合成到表征再到储能预测等领域提高固态储氢材料的性能[16]。

6.3.3　AI 提升工业制造业能源效率

能源消耗一直是工业制造中的关键问题,随着资源短缺和环境恶化的加剧,与能源消耗相关的生产可持续性成为工业 4.0 的主要目标之一。提升工业制造业能源效率对于应对当前和未来的生态环境挑战以及降低碳排放至关重要。有针对性的数据采集以及高效的数据处理是全面有效优化制造业能源效率的推动因素。因此,数字化被广泛视为改善工业部门经济和生态发展的强大推动力。在制造系统中采用信息技术具有提高其整体可持续性绩效的潜力。除了基本的数字化方法,人工智能如大数据分析和数字孪生,代表了另一种有前途的支持技术,可实现制造业的可持续转型。

随着廉价传感器的广泛使用和改进生产制造过程的实际需要,制造业的相关数据量正在迅速增长。在此情形下,制造业面临的最重要挑战之一是如何记录、处理这些庞大的数据,并充分运用它们以减少资源消耗、提升效率。同时工业数据的大量积累也带来了巨大的机遇。企业越来越多地将注意力转向人工智能,用来探索工业大数据的潜力。工业 4.0 相关概念的发展,更是重新引起了人们对人工智能的兴趣,目前所有行业都在"人工智能+"。人工智能包括从原始数据中提取有价值的信息(例如类别预测、模式识别)的各种强大工具,可帮助制造业改进其生产流程。它将被广泛应用于制造业当中,特别是提升能源效率的相关应用。

运用人工智能提升工业制造业能源效率的主要手段有:生产和能源消耗预测、能源效率分析、能耗优化和多目标能耗优化等。例如水泥行业是典型的能源密集型行业,生产每吨水泥消耗电能 110~120 kWh。该行业所需能源占工业总能耗的 12%~15%。其中,水泥粉磨过程占水泥生产全程总耗能的近 40%。综合运用如最小二乘支持向量机(least squares support vector machine, LSSVM)等人工智能算法可以根据最近的电能消耗趋势对未来的消耗进行预测[17],匹配能源供求,从而优化能源调度,减少能源消耗。

在大型化工厂中,能效评价和管理对能源可持续起着至关重要的作用。然而,大多数数据驱动的能源效率计算方法仍然侧重于确定性评估,而忽视了数据质量产生的影响。此外,由于采集到的工业数据具有多维性、随机性、不确定性等特点,更难以准确可靠地评估和预测复杂化工生产过程的能源使用情况。为了解决这些局限性,可以应用结合高斯过程(Gaussian processes, GP)和偏最小二乘法(partial least squares, PLS)分析的新型能源效率评估和预测方法,称为 GP-PLS 方法[18]。这种综合方法可以选择合适的采样数据,构建相应的非线性模型并表明模型的可靠性。基于构建的模型,不仅可以计算出准确的能效评价结果,还可以预测能效趋势。此外,根据建立模型的可靠性,从历史数据库中智能选取信息数据,提升模型质量。获取评价结果和预测值,可以降低大型化工厂的能耗,指导生产过程,提高能源效率水平。

6.4 本章小结

　　本章首先从工业智能基本概念出发，阐述了人工智能在工业界落地所面临的挑战以及所需解决的基本问题。未来，多种工业智能应用场景将不断迸发，我们需要在算法、框架、编译器和芯片上实现技术突破，来进一步解决工业智能实时性、可靠性、可解释性以及适应性这四类具体问题；同时，将目光聚焦在传统方法所不能解决的具体问题上，解决问题，满足工业发展的现实需求。工业智能在工业界最为直观和先进的体现便是智能制造和智能工厂。现阶段物联网、云计算、大数据分析、信息物理系统和数字孪生等智能技术的充分发展为实现智能制造铺平了道路。智能工厂是制造业的一次革命，它具有完全互联和柔性系统的特点，能够不断地获取互联互通的运营和生产系统的数据。适应生产的新需求，从而有效提升生产效率，逐步实现生产制造的智能化与定制化。最后我们讨论了工业中的能源可持续性问题。能源可持续性不仅指在资源利用上尽可能地使用可再生能源，还包括在生产制造过程中对能源利用效率的提升。借助工业智能，实现生产制造活动中的能源可持续将是迈向"碳达峰"和"碳中和"以及未来绿色可持续社会的重要一步。

习题

1. 你如何理解"工业智能"这一概念及含义？
2. 工业智能所面临的问题有哪些？
3. 列举智能制造的关键技术，选取两个并详细解释。
4. 智能工厂由什么构成？其生产系统与传统工厂有何不同？
5. 人工智能技术在能源可持续性上有哪些作用？

习题参考答案

本章参考文献

第 7 章 总结与展望

通过上述几章的介绍,我们首先了解到人工智能自 1956 年达特茅斯会议发展至今,已逐步形成一门研究探索如何模拟拓展人的智能的概念、方式、技能和应用体系的新兴社会自然科学。随着第三次工业革命带来技术的进步和变革,世界能源体系不断快速发展。世界主要能源结构从最原始的木材、煤炭演变为石油和天然气;而近年来随环境问题日益严重,太阳能、风能、核能等绿色能源市场份额逐步增加;未来能源系统将进一步与人工智能和网络信息技术深度融合,进入清洁化和智能化的时代。本书详细介绍了人工智能发展历程,阐述了深度学习、强化学习和迁移学习等人工智能算法的相关概念和应用,对人工智能技术在能源及相关领域的结合及应用进行了详细的介绍。

本书不仅仅阐述了人工智能在能源生产消费中的应用,更是包括了人工智能所渗透的交通、电力、建筑和工业等多个行业场景。在交通行业,智能交通系统、智能车路协同系统、云交通系统等技术不断进步,为城市交通拥堵、环境污染等问题提供了新的解决方案,也提高了人们的出行效率,节省了能源消耗。无人驾驶技术也日益成熟,无人驾驶公交车、无人出租车服务在越来越多的城市试点,无人驾驶同时也在建筑、勘测、农业、城市道路清扫等领域广泛应用。此外,人工智能技术更是在物流、铁路、民航和航海等多个领域不断取得突破性的应用。而在电力行业,智能电力系统通过提高电力输送的可靠性、效率和质量,为传统电网和消费者对能源利用的行为带来巨大变化。通过无人机线路巡检、电网负荷与天气预测、电网智能调控等技术,电网的可观察性、可控制性和安全性大幅提高,与更多可再生能源组合优化能源配置也使碳排放进一步减少以满足未来的能源利用需求。今后,智能电力系统将以更大的灵活性和更有效的方式改变配电领域的格局。

同时,建筑行业也在逐步实现建筑智能化与生态化的有机统一。建造节约化、生态化、人性化、无害化、集约化的智慧建筑,为用户提供了高效、舒适、便捷的人性化建筑环境已成为建筑行业新目标。在更为宏观的层面上,利用现代科技特别是资讯和网络对城市的各类资源进行最优化调配,将形成"智慧城市",使得区位功能布局合理、建筑美观实用、人们居住舒适,营造一个充满生机、以人为本的共同体。人工智能在工业界最为直观和先进的体现便是智能制造和智能工厂。现阶段物联网、云计算、大数据分析、信息物理系统和数字孪生等智能技术的充分发展为实现智能制造铺平了道路。智能工厂代表了制造业从传统自动化向完全互联和柔性系统飞跃，它能够不断地从互联互通的运营和生产系统中获取数据，适应生产的新需求，从而有效提升生产效率，逐步实现生产制造的智能化与定制化。同时在未来我们还需要解决工业中的能源可持续性问题。能源可持续性不仅指在资源利用上尽可能地使用可再生能源，还包括在生产制造过程中对能源利用效率的提升。借助工业智能，实现生产制造活动中的能源可持续将是迈向"碳达峰"和"碳中和"以及未来绿色可持续社会的重要一步。

随着气候变化的影响在世界范围内变得更加明显，能源行业面临着向低碳系统过渡的严峻挑战，未来数年也将是世界能源转型的关键时期。近年来人工智能技术已经在各个行业中进行落地应用，随着其技术的发展与进步，人工智能将成为世界能源体系向数字化和智能化转型过程的关键推动力，并为交通、电力、建筑和工业等多个领域生产作业过程中能源效率和能源利用灵活性的提升以及生产成本的降低提供智能化的解决方案，最终促进"双碳"目标的实现。

主要参考文献

[1] 周志华. 机器学习[M]. 北京: 清华大学出版社, 2016.
[2] Harrington P, 李锐. 机器学习实战[M]. 北京: 人民邮电出版社, 2013.
[3] 金东寒. 秩序的重构——人工智能与人类社会[M]. 北京: 上海大学出版社, 2017.
[4] 姚海鹏, 王露瑶, 刘韵洁. 大数据与人工智能导论[M]. 北京: 人民邮电出版社, 2017.
[5] 李航. 统计学习方法[M]. 北京: 清华大学出版社, 2012.
[6] 李嘉璇. TensorFlow技术解析与实战[M]. 北京: 人民邮电出版社, 2017.
[7] 周靖. 科学技术概论[M]. 南京: 南京大学出版社, 2020.
[8] 赵欢. 计算机科学概论[M]. 北京: 人民邮电出版社, 2014.
[9] 黄玉兰. 物联网传感器技术与应用[M]. 北京: 人民邮电出版社, 2014.
[10] 工毅. 智慧能源[M]. 北京: 清华大学出版社, 2012.
[11] 冯庆东. 能源互联网与智慧能源[M]. 北京: 机械工业出版社, 2015.
[12] 赵光辉. 重新定义交通: 人工智能引领交通变革[M]. 北京: 机械工业出版社, 2019.
[13] 杨世春, 曹耀光, 陶吉, 郝大洋, 华旸. 自动驾驶汽车决策与控制[M]. 北京: 清华大学出版社, 2020.
[14] 蔡文海. 智慧交通实践[M]. 北京: 人民邮电出版社, 2018.
[15] 余贻鑫. 智能电网基本理念与关键技术[M]. 北京: 科学出版社, 2019.
[16] 王成山, 张天宇, 罗凤章著. 配电系统可靠性分析——故障关联矩阵法[M]. 北京: 科学出版社, 2021.
[17] 华东建筑设计研究院. 智能建筑设计技术[M]. 上海: 同济大学出版社, 2002.
[18] 李林. 智慧城市建设思路与规划[M]. 南京: 东南大学出版社, 2012.
[19] 杨正洪. 智慧城市: 大数据、物联网和云计算之应用[M]. 北京: 清华大学出版社, 2014.
[20] 李杰. 工业人工智能[M]. 上海: 上海交通大学出版社, 2019.

郑重声明

高等教育出版社依法对本书享有专有出版权。任何未经许可的复制、销售行为均违反《中华人民共和国著作权法》，其行为人将承担相应的民事责任和行政责任；构成犯罪的，将被依法追究刑事责任。为了维护市场秩序，保护读者的合法权益，避免读者误用盗版书造成不良后果，我社将配合行政执法部门和司法机关对违法犯罪的单位和个人进行严厉打击。社会各界人士如发现上述侵权行为，希望及时举报，我社将奖励举报有功人员。

反盗版举报电话　（010）58581999　58582371
反盗版举报邮箱　dd@hep.com.cn
通信地址　北京市西城区德外大街4号
　　　　　高等教育出版社知识产权与法律事务部
邮政编码　100120

防伪查询说明

用户购书后刮开封底防伪涂层，使用手机微信等软件扫描二维码，会跳转至防伪查询网页，获得所购图书详细信息。

防伪客服电话　（010）58582300